高职高专建筑工程类专业"十三五"规划教材

GAOZHI GAOZHUAN JIANZHUGONGCHENGLEI ZHUANYE SHISANWU GUIHUA JIAOCAI

建筑工程技术专业顶岗实习指导

JIANZHUGONGCHENGJISHUZHUANYEDINGGANGSHIXIZHIDAO

◎主　编　郑　伟
◎副主编　徐运明　许　博　欧长贵
◎主　审　赵邵华

U0344189

中南大学出版社
www.csupress.com.cn

图书在版编目(CIP)数据

建筑工程技术专业顶岗实习指导／郑伟主编. —长沙：
中南大学出版社，2014.4(2023.3 重印)

ISBN 978-7-5487-1031-8

Ⅰ.①建… Ⅱ.①郑… Ⅲ.①建筑工程－工程技术－
实习－高等学校－教学参考资料 Ⅳ.①TU－45

中国版本图书馆 CIP 数据核字(2014)第 010040 号

建筑工程技术专业顶岗实习指导

郑　伟　主编

□策划编辑	周兴武	
□责任编辑	周兴武	
□责任印制	李月腾	
□出版发行	中南大学出版社	
	社址：长沙市麓山南路	邮编：410083
	发行科电话：0731-88876770	传真：0731-88710482
□印　　装	长沙艺铖印刷包装有限公司	

□开　　本	787 mm×1092 mm 1/16	□印张 11.75	□字数 293 千字		
□版　　次	2014 年 4 月第 1 版	□印次 2023 年 3 月第 3 次印刷			
□书　　号	ISBN 978-7-5487-1031-8				
□定　　价	28.00 元				

图书出现印装问题，请与经销商调换

高职高专建筑工程类专业"十三五"规划教材编审委员会

主　任
（以姓氏笔画为序）

王运政	玉小冰	李　龙	刘　霁	刘孟良	陈翼翔
郑　伟	赵顺林	胡六星	彭　浪	颜　昕	魏秀瑛

副主任
（以姓氏笔画为序）

王义丽	王超洋	艾　冰	卢　滔	朱　健	向　曙
刘可定	孙发礼	杨晓珍	李和志	李清奇	项　林
欧阳和平	胡云珍	徐运明	谢建波	黄金波	黄　涛

委　员
（以姓氏笔画为序）

万小华	王四清	王凌云	邓　慧	邓雪峰	龙卫国
叶　姝	包　蜃	邝佳奇	朱再英	伍扬波	庄　运
刘天林	刘汉章	刘旭灵	许　博	阮晓玲	孙光远
李　云	李　冰	李　奇	李　娟	李　鲤	李为华
李亚贵	李丽田	李丽君	李海霞	李鸿雁	肖飞剑
肖恒升	何　珊	何立志	佘　勇	宋士法	宋国芳
张小军	张丽姝	陈　晖	陈贤清	陈健玲	陈淳慧
陈婷梅	陈蓉芳	易红霞	金红丽	周　伟	周怡安
赵亚敏	贾　亮	徐龙辉	徐猛勇	高建平	郭喜庚
唐　文	唐茂华	黄郎宁	黄桂芳	曹世晖	常爱萍
梁鸿颉	彭　飞	彭子茂	蒋　荣	蒋买勇	曾维湘
曾福林	谢淑花	熊宇璟	樊淳华	魏丽梅	

出版说明 INSTRUCTIONS

为了深入贯彻党的二十大精神和全国教育大会精神，落实《国家职业教育改革实施方案》（国发〔2019〕4号）和《职业院校教材管理办法》（教材〔2019〕3号）有关要求，深化职业教育"三教"改革，全面推进高等职业院校土建类专业教育教学改革，促进高端技术技能型人才的培养，依据高职高专教育土建类专业教学指导委员会《高等职业教育土建类专业教学基本要求》及国家教学标准及职业标准要求，通过充分的调研，在总结吸收国内优秀高职教材建设经验的基础上，我们组织编写和出版了这套职业教育土建类专业创新教材。

职业教学改革不断深入，土建行业工程技术日新月异，相应国家标准、规范，行业、企业标准、规范不断更新，作为课程内容载体的教材也必然要顺应教学改革和新形势的变化，适应行业的发展变化。教材建设应该按照最新的职业教育教学改革理念构建教材体系，探索新的编写思路，出版一套全新的、高等职业院校普遍认同的、能引导土建专业教学改革的系列教材。为此，我们成立了创新教材编审委员会。创新教材编审委员会由全国30多所高职院校的权威教授、教学负责人、专业带头人及企业专家组成。编审委员会通过推荐、遴选，聘请了一批学术水平高、教学经验丰富、工程实践能力强的骨干教师及企业工程技术人员组成编写队伍。

本套教材具有以下特色：

1. 教材符合《职业院校教材管理办法》（教材〔2019〕3号）的要求，以习近平新时代中国特色社会主义思想为指导，注重立德树人，在教材中有机融入中国优秀传统文化、"四个自信"、爱国主义、法治意识、工匠精神、职业素养等思政元素。

2. 教材依据高职高专教育土建类专业教学指导委员会《高等职业教育土建类专业教学基本要求》及国家教学标准和职业标准（规范）编写，体现科学性、综合性、实践性、时效性等特点。

3. 体现"三教"改革精神，适应职业教学改革的要求，以职业能力为主线，采用行动导向、任务驱动、项目载体，教、学、做一体化模式编写，按实际岗位所需的知识、能力来选取教材内容，实现教材与工程实际的零距离"无缝对接"。

4. 体现先进性特点,将土建学科发展的新成果、新技术、新工艺、新材料、新知识纳入教材,结合最新国家标准、行业标准、规范编写。

5. 产教融合,校企双元开发,教材内容与工程实际紧密联系。教材案例选择符合或接近真实工程,有利于培养学生的工程实践能力。

6. 以社会需求为基本依据,以就业为导向,有机融入"1+X"证书内容,融入建筑企业岗位(八大员)职业资格考试、国家职业技能鉴定标准的相关内容,实现学历教育与职业资格认证的衔接。

7. 教材体系立体化。为了方便教师教学和学生学习,本套教材建立了多媒体教学电子课件、电子图集、教学指导、教学大纲、案例素材等教学资源支持服务平台;部分教材采用了"互联网+"的形式出版,读者扫描书中的二维码,即可阅读丰富的工程图片、演示动画、操作视频、工程案例、拓展知识等。

高职高专建筑工程类专业"十三五"规划教材

编 审 委 员 会

前言 PREFACE

为贯彻落实党的"十八大"关于"加快现代职业教育体系建设"、《国家中长期教育改革和发展规划纲要(2010—2020年)》和《湖南省建设教育强省规划纲要(2010—2020)》精神,湖南省教育厅出台了《关于加强高等职业院校教育管理的若干意见》(湘教发[2013]17号),通知指出,广大高职院校应站在培养合格技术技能人才、实现学校可持续发展的高度,以提高教育教学质量为核心,坚持系统思维,抓住关键环节和薄弱环节,建立健全规章制度,规范办事程序,实行严格的责任制和责任追究制,逐步实现教育教学管理的科学化、制度化、常态化,尤其是校外实习的管理。有鉴于此,学校应根据校企合作、工学结合、双主体育人的人才培养模式改革的要求,加强校外实习基地建设,遴选与本校学生规模和实习项目相适应的企业建立稳定的合作关系。学校要制定专门的校外实习管理制度和突发事件处理预案,并签订学校、企业、学生三方协议。

知岗、定岗、跟岗、模岗和顶岗实习称为"五岗实习",其中顶岗实习是最后也是非常重要的一个实践教学环节。如果条件许可,学生最好能完成整栋房屋的施工实习,或者,学生也可以完成一个或若干个模块的施工实习,故本教程是分模块编制的。学校在安排顶岗实习时,要成立校外实习组织管理机构,对学生分片管理,而且,对学生设"双导师"指导,即:学校和施工企业各安排一位指导老师,对学生的顶岗实习进行全程指导。

本书由湖南城建职业技术学院建筑工程系和省建三公司校企合作联合编写。具体分工如下:模块一和模块二由周军编写,模块三由徐运明编写,模块四由位俊俊编写,模块五由朱思静编写,模块六由刘可定编写,模块七由赵邵华编写,模块八由许博编写,模块九由湖南有色金属职业技术学院欧长贵编写,其他内容由郑伟编写,全书由郑伟统稿。施工企业专家刘炼和胡翔华对本书的编写也提出了许多宝贵的意见,在此表示衷心的感谢!

由于编写的时间仓促和编者的理论水平和实践经验有限,书中不足之处在所难免,欢迎广大师生和其他读者批评指正。

编 者

建筑工程技术专业顶岗实习

专　　业＿＿＿＿＿＿＿＿＿＿＿＿＿＿＿＿＿

班　　级＿＿＿＿＿＿＿＿＿＿＿＿＿＿＿＿＿

姓　　名＿＿＿＿＿＿＿＿＿＿＿＿＿＿＿＿＿

学　　号＿＿＿＿＿＿＿＿＿＿＿＿＿＿＿＿＿

指导老师＿＿＿＿＿＿＿＿＿＿＿＿＿＿＿＿＿

实习地点＿＿＿＿＿＿＿＿＿＿＿＿＿＿＿＿＿

实习内容＿＿＿＿＿＿＿＿＿＿＿＿＿＿＿＿＿

实习单位＿＿＿＿＿＿＿＿＿＿＿＿＿＿＿＿＿

实习时间　　　年　月　日至　　年　月　日

目 录 CONTENTS

I 建筑工程技术专业顶岗实习方案

一、顶岗实习的实施步骤

（1）宣传动员阶段：学生在校第五学期，由系部组织印发介绍信和施工现场顶岗实习学生安全责任合同（每人三份：一份交实习单位，一份交系部，一份自留），宣传顶岗实习的基本要求及注意事项，系部与学生签订顶岗实习安全协议。同时系部和校内指导老师动员学生积极联系实习单位，系部加强校企合作的沟通，力争在较多的大型施工企业建立"校外顶岗实习基地"。

（2）学生领取《建筑工程技术专业顶岗实习指导》。

（3）第五学期期末，学生向各班班主任（或指导老师）递交实习单位联系登记表和安全责任合同（加盖实习单位公章），并由班主任统计出已联系好实习单位的人员和需要系部解决实习单位的人员名单，并将相关资料交到系部（要求递交的资料按班级花名册上的序号编号，以便于系部资料的整理）。

（4）学生到施工单位实习阶段：学生必须要向系部上交加盖实习单位公章的施工现场顶岗实习学生安全责任合同后方可离校实习，未联系好实习单位的学生由系部统一安排实习地点。

（5）第六学期期末，学生回校递交以下顶岗实习相关资料：

①顶岗实习日志；

②顶岗实习报告；

③学生顶岗实习校外指导教师情况登记表。

以上内容均包括在《建筑工程技术专业顶岗实习指导》中。

（6）成绩评定阶段：根据学生实习期间的表现和学生提交的实习资料，由企业导师和学校老师共同进行成绩评定。

二、顶岗实习的管理

（一）组织机构

总顾问：学校教学副院长

组长：系主任　　负责领导、协调、指挥

巡视检查：学校教务处和系部教师共同组成检查小组，小组名单如下表所示：

组 别 及 分 区	检 查 小 组 教 师 名 单	备 注
第一组：长沙地区		
第二组：株洲地区		
第三组：湘潭地区		说明：每组第一人为组长，负责考勤和学生考评资料的收集。
第四组：吉首、张家界、怀化地区		
第五组：常德、益阳地区		
第六组：娄底、邵阳地区		
第七组：衡阳、郴州、永州地区		
第八组：岳阳地区		

（二）顶岗实习对象

建筑工程技术专业三年二期学生。

（1）自己联系实习单位的学生向系部上交实习单位联系登记表及与实习单位签订的安全协议合同；

（2）系部统一安排实习单位的学生按 4~5 名/工地，分配在全省范围内。

（三）教师工地指导安排

建筑工程技术专业学生的顶岗实习实行"双导师"制：即要求学生所在施工企业项目部为学生安排一名现场指导老师，除此之外，学校和系部为每一小班配备一名经验丰富的专业教师，专业教师负责统计学生实习的基本情况，不定期（每周至少与每一位学生保持一次）通过电话或 QQ 聊天与学生进行交流，为学生排忧解难，了解学生的实习情况并进行指导，学校指导教师每个月至少下工地指导学生一次。

序号	班级	学生姓名	学生联系方式	班主任及联系方式	校内指导老师及联系方式
1					
2					
3					
4					
5					

三、实习目的、内容与要求

（一）顶岗实习目的

顶岗实习是学生在学完全部课堂教学内容后的重要实践性教学环节。通过顶岗实习，学生对所学的基础知识、专业知识进行全面的贯通，进一步巩固和加深理解所学的专业理论知识，开阔视野，扩大知识面，使理论知识与实际工程相结合，具有综合运用所学的专业知识，独立完成职业岗位工作及解决工程实际问题的能力，进一步提高动手能力，达到施工员、安全员、质量员、材料员、资料员、标准员的岗位能力要求，实现零距离就业，为走上工作岗位打下坚实的基础。

顶岗实习应安排在二级以上建筑公司（或建筑类企业）的大、中型工业与民用建筑施工工地进行。通过顶岗实习，学生应达到以下目标：

1. 知识目标

掌握一般建筑工程的施工技术和组织管理工作，材料应用、检测和保管，工程计量与计价，业内技术资料的整理和编制，工程质量的检测和评定，施工安全措施，工程测量放线等方面的专业知识。

2. 能力目标

能够应用所学的专业知识和技能，在建筑生产一线基层的技术及管理岗位从事与本专业相关的工作，具备顶岗工作的能力。

（二）顶岗实习内容

顶岗实习的重点是现场的技术和管理工作，实习的主要内容为单位工程的基础工程、主体工程、防水工程、装饰工程等的施工技术和管理工作。主要包括以下方面：

（1）开工前和施工中的施工准备工作；

（2）单位工程的定位、放线、抄平工作；

（3）分部分项工程及关键部位工序施工方案的制定及技术复核工作；

（4）掌握施工验收规范和熟知常用机具操作规程工作；

（5）技术交底及工程任务单，领料卡的签发工作；

（6）建筑材料和建筑构件、配件的检验与管理工作；

（7）隐蔽工程以及其他分部分项工程质量的检查、评定和验收工作；

（8）项目质量管理的有关业务知识及质量事故的处理工作；

（9）施工安全技术、安全生产的有关规定与安全事故的处理工作；

（10）参加单位工程的竣工验收及技术档案资料的整理工作；

（11）参加图纸会审及技术核定工作；

（12）学习编制单位工程施工组织设计和重要复杂的分部工程的施工方案工作；

（13）学习编制与审核施工预算、工程造价工作；

（14）学习编制劳动力及各种材料需用量计划工作；

（15）参与现场的技术革新、试验等工作。

（三）顶岗实习的要求

（1）顶岗实习期间，学生应以工程技术人员的身份参加现场的生产劳动和技术管理工作；

（2）进入实习工地后，应首先熟悉现场，了解现场的管理机构和管理制度，熟悉图纸，了解工程项目的特点、特征及施工人员的组成情况；

（3）遵守学校的各项规章制度和现场施工纪律与安全技术管理规定，不迟到、不早退，实习期间一般不准请假（确需请假，必须向实习指导教师和工地负责人请假，学校系部备案）；

（4）在实习工地上，不准穿拖鞋、高跟鞋，不准在工地上打牌赌博；

（5）在实习过程中，重点学习操作工艺、操作规程，掌握质量检验标准、方法及安全技术措施，了解工种工程施工的准备工作及现场管理的基本知识；

（6）在劳动操作过程中，要在现场指导教师的指导下，认真学习操作方法，注意操作质量和操作安全；

（7）实习期间，要勤学好问，不懂的问题要及时向现场指导教师或技术人员请教，要理论联系实际；

（8）在实习过程中，必须服从现场管理人员的管理、分工与指导，要不怕脏、不怕累，吃苦耐劳，保质保量按时完成施工任务；

（9）劳动操作过程中，注意节约材料，爱护公物、工具，损坏材、物按价赔偿；

（10）实习期间，要和工人师傅打成一片，要尊重现场的所有人员；

（11）掌握工程结构的施工特点，了解新材料、新工艺、新方法；

（12）实习期间，要坚持写好顶岗实习日记，实习结束后要写好顶岗实习报告，顶岗实习日记与顶岗实习报告作为实习成绩评定的主要依据，缺一不可；

（13）实习结束时，应将实习工地的各种资料、工具交还给实习工地负责人，严禁未经许可把工地的财、物带走；

（14）实习结束后，要进行顶岗实习汇报或答辩；

（15）顶岗实习期间，每周至少与校内指导老师联系一次（电话联系、QQ联系、短信联系均可），否则，顶岗实习成绩按不及格处理。

四、顶岗实习纪律与安全

（1）学生联系好实习单位后，需及时与实习单位签定《施工现场顶岗实习学生安全责任合同》，同时系部与学生签定《学生顶岗实习安全协议》，在学生实习之前，系部召开动员大会并聘请专家做安全施工专题培训；

（2）实习期间，应按时上、下班，严禁在上班时间打闹、打牌、逛街或从事与实习无关的一些事情；

（3）不能随便拿实习工地的各种东西，应有借有还，严禁偷拿工地的一砖一瓦；

（4）进入工地，必须戴好安全帽，穿好工作便服，严禁穿奇装异服、拖鞋、高跟鞋；

（5）实习期间，严禁在没有技术人员的指导下操作施工机械及使用电闸；

（6）实习期间，严禁与工地人员吵架、闹事，一经查实，成绩评定为不合格并给予处分；

（7）实习期间的施工操作应遵守安全规程和条例。

五、突发事件应急预案

为了确保学生校外顶岗实习期间的交通、生命、财产的安全，维护正常的校外顶岗实习的教学秩序，最大限度降低突发性事件的危害，根据中华人民共和国《突发公共卫生事件应急预案》有关规定，结合我校顶岗实习具体情况，特制定本应急预案。

（一）成立突发事件应急预案领导小组

1. 领导小组组成

组长：院长

副组长：副院长

组员：教务处处长、系主任、学工办主任、顶岗实习企业人事负责人、企业及学校指导老师

2. 领导小组职责

及时准确地掌握实习学生突发应急预案动态，提出预防控制对策和措施，组织指挥实习学生交通、溺水、食物中毒、野外安全、坠落、社会不法分子绑架侮辱学生、疫病等预防工作，与有关部门密切配合，保证实习工作高效、有序地进行。

（二）成立临时现场指挥部

在实习地点，实习学生一旦发生突发事故，应立即成立临时现场指挥部，实习领队任总指挥，实习指导教师为成员。

实习学生一旦发生突发事故后，立刻启动现场指挥，由总指挥负责与实习单位的协调，并立即通知学校突发事件应急预案领导小组，现场实习指导教师负责报警(报警电话为120、119、110、112)、紧急救助、协调运输车辆等具体工作。

（三）岗前教育与管理

(1)实习开始前，系部组织学生进行安全教育，聘请专家进行施工安全专题培训，下发《建筑工程技术专业顶岗实习指导》，并由学工办负责指导实习学生认真学习，对实习学生进行安全教育，使学生掌握实习期间相关规定和在生产、生活、交通、饮食、用电等方面的安全知识，在思想上形成比较系统的自我防护意识；

(2)实习指导教师负责学生顶岗实习全过程的监督与管理；

(3)实习指导教师需及时掌握动态，发现问题及时处置，及时上报，把工作做在事态发生之前，把问题消灭在萌芽状态。

（四）预案的启动

发生安全事故后应立即启动本预案。本预案根据事件性质和影响程度分为一、二、三、四级。

1. 四级预案启动

由实习指导教师启动。

(1)发生实习学生违反实习要求或实习单位规章制度情况，未造成严重后果者，启动四级预案。

(2)处置程序

①由相关实习点负责人直接与学生所在实习单位负责人联络协调，查清缘由，现场处理，做好相关记录；

②相关实习点负责人应做好事后协调和教育工作。

2. 三级预案的启动

由实习点负责人启动。

(1)发生学生与实习单位工作人员争吵、打架等纠纷，造成对立事态，启动三级预案。

(2)处置程序：

①由实习单位协助及时制止纠纷；

②如发生人身伤害，实习单位协助及时进行治疗；

③相关实习点负责人及时到实习单位了解具体情况，对给施工单位造的生产影响表示道歉，对学生进行深刻教育；

④如单位工作人员受伤，相关实习点负责人负责协调解决，并做好善后工作；

⑤如学生是造成纠纷的主要责任人，相关实习点负责人要对其进行严肃批评教育，并做好记录，及时上报顶岗实习工作领导小组；

⑥顶岗实习工作领导小组及时公布处理结果并存档。

3.二级预案

由系主任启动。

（1）学生实习期间在岗位、交通、用电、生活等方面发生安全事故，受到轻度伤害，启动二级预案。

（2）处置程序：

①由实习单位第一时间协助救治，保证学生人身安全；

②相关实习点负责人及时赶到现场，负责解决学生治疗和思想安抚工作；

③相关实习点负责人做好记录，并及时将事件具体情况汇报顶岗实习工作领导小组，以便妥善处理；

④顶岗实习工作领导小组及时公布处理结果并存档。

4.一级预案

由顶岗实习工作领导小组组长、副组长启动。

（1）学生在实习期间发生严重人身受伤事件，启动一级预案。

（2）处置程序：

①由实习单位第一时间协助抢救学生；

②相关实习点负责人及时到达现场，协助救治学生，了解详细情况并做好记录；

③顶岗实习领导小组决策具体处理方案；并及时到现场处理，通知学生家长，做好安抚工作。

（五）调查与责任追究

（1）学生和教师违反学校顶岗实习管理办法，按情节分别给予纪律处分和行政处分，触犯法律的，依法承担民事或刑事责任。

（2）突发事故、事件处置结束后，参与事故、事件处置人员，应如实向有关部门陈述所知事实，并配合调查处理。故意隐瞒、歪曲事实真相、触犯刑律的，要依法追究刑事责任。

（六）事故、事件调查报告

突发事故、事件调查处理后，实习点负责人应编制《突发事故、事件报告》，报送学校领导小组。报告应包括：事故事件性质、发生原因分析、现场处置措施或方法、事故事件责任、纠正预防措施等。

（七）本预案自公布之日起执行，由突发事件应急预案领导小组负责解释

Ⅱ　学生顶岗实习安全生产规程

一、安全生产实习六大纪律

(1)进入现场必须带好安全帽,扣好帽带,并正确使用个人劳动防护用品。

(2)2 m以上的高处、悬空作业、无安全设施的,必须系好安全带,扣好保险钩,并在有关人员的监督下进行。

(3)高处作业时,不准往下或往上乱抛材料、工具等物件。

(4)各种电动机械设备必须有可靠有效的安全接地和防雷装置,方能开动使用。

(5)不懂电气和机械原理的,严禁使用和玩弄机电设备。

(6)吊装区域非操作人员严禁入内,吊装机械必须完好,把杆垂直下方不准站人。

二、十项安全技术措施

(1)按规定使用"三宝"(安全帽、安全带、安全网)。

(2)机械设备防护装置一定要齐全有效。

(3)塔吊等超重设备必须有限位保险装置,不准"带病"运转,不准超负荷作业,不准在运转中维修保养。

(4)架设电线线路必须符合当地电业局的规定,电气设备必须全部接零接地。

(5)电动机械和手持机动工具要设置漏电跳闸装置。

(6)脚手架材料及脚手架的搭设必须符合规范要求。

(7)各种缆风绳及其设置必须符合规范要求。

(8)在建工程的楼梯口、电梯口、预留口、通道口,必须有防护设施。

(9)严禁赤脚或穿高跟鞋、拖鞋进入施工现场,高空作业不准穿硬底和易滑的鞋靴。

(10)施工现场的危险地区应设警戒标志,夜间要设红灯示警。

三、防止违章作业和事故发生的十项操作要求

即做到"十不盲目操作":

(1)新进岗人员须经三级安全教育,复工换岗人员须经安全岗位教育,不要盲目操作。

(2)特殊工种人员、机械操作工须经专门安全培训。无有效安全上岗操作证,不要盲目操作。

(3)施工环境和作业对象情况不清,施工前无安全措施或作业安全交底不清,不要盲目操作。

(4)新技术、新工艺、新设备、新材料、新岗位无安全措施,未进行安全培训教育、交底,不盲目操作。

(5)安全帽和作业所必须的个人防护用品不落实,不盲目操作。

(6)脚手架、吊篮、塔吊、井字架、龙门架、外用电梯、起重机械、电焊机、钢筋机械、木

工平刨、圆盘锯、搅拌机、打桩机等设施设备和现浇混凝土模板支撑、搭设安装后,未经验收合格,不盲目操作。

(7)作业场所安全防护措施不落实,安全隐患不排除,威胁人身和国家财产安全时,不盲目操作。

(8)凡上级或管理干部违章指挥,有冒险指挥,有冒险情况时,不盲目操作。

(9)高处作业、带电作业、禁火区作业、易燃易爆物品作业、爆破性作业、有中毒或窒息危险的作业和科研实验等其他危险作业的,均应由上级指派,并经安全交底;未经指派批准、未经安全交底和无安全防护措施,不盲目操作。

(10)隐患未排除,有伤害自己、伤害他人、自己被他人伤害的不安全因素存在时,不盲目操作。

四、施工现场行走或上下的"十不准"

(1)不准从正在起吊、运吊中的物件下通过。

(2)不准从高处往下跳或奔跑作业。

(3)不准在没有防护的外墙和外壁板等建筑物上行走。

(4)不准站在小推车等不稳定的物体上操作。

(5)不得攀登起重臂、绳索、脚手架、井字架、龙门架和随同运料的吊盘及吊装物上下。

(6)不准进入挂有"禁止出入"或设有危险警示标志的区域、场所。

(7)不准在重要的运输通道或上下行走通道上逗留。

(8)未经允许不准私自进入非本单位作业区域或管理区域,尤其是存有易燃易爆物品的场所。

(9)严禁在无照明设施、无足够采光条件的区域、场所内行走、逗留,不准无关人员进入施工现场。

五、防止触电伤害的十项基本安全操作要求

根据安全用电"装得安全、拆得彻底、用得正确、修得及时"的基本要求,为防止触电伤害事故发生,应遵守以下十项操作要求:

(1)非电工严禁拆接电气线路、插头、插座、电气设备、电灯等。

(2)使用电气设备前必须检查线路、插头、插座、漏电保护装置是否完好。

(3)电气线路或机具发生故障时,应找电工处理,非电工不得自行修理或排除故障。

(4)使用振捣器等手持电动机械和其他电动机械从事湿作业时,要由电工接好电源,安装上漏电保护器,操作者必须穿戴好绝缘手套后再进行作业。

(5)搬迁或移动电气设备必须先切断电源。

(6)严禁擅自使用电炉和其他电加热器。

(7)禁止在电线上挂晒物料。

(8)禁止使用照明器烘烤、取暖。

(9)在架空输电线路附近工作时,应停止输电,不能停电时,应有隔离措施,要保持安全距离,防止触碰。

(10)电线必须架空,不得在地面、施工楼面随意乱拖,若必须通过地面、楼面时应有过

路保护,物料、车、人不准压踏碾磨电线。

六、防止高处坠落、物体打击的十项基本安全要求

(1)高处作业必须着装整齐,严禁穿硬塑料底等易滑鞋、高跟鞋,工具应随手放入工具袋。

(2)高处作业人员严禁相互打闹,以免发生坠落事故。

(3)在进行攀登作业时,攀登用具结构必须牢固可靠,使用必须正确。

(4)各类手持机具使用前应认真检查,确保安全牢靠。洞口临边作业应防止物件坠落。

(5)施工人员应从规定的通道上下,不得攀爬脚手架、跨越阳台,或在非规定通道进行攀登、行走。

(6)进行悬空作业时,应有牢靠的立足点并正确系挂安全带;现场应视具体情况配置防护栏网、栏杆或其他安全设施。

(7)高处作业时,所有物料应该堆放平稳,不可放置在临边或洞口附近,并不可防碍通行。

(8)高处拆除作业时,对拆卸下的物料、建筑垃圾都应加以清理和及时运走,不得在走道上任意放置或向下丢弃,保持作业走道畅通。

(9)高处作业时,不准往下或向上乱抛材料和工具等物件。

(10)各施工作业场所内,凡有坠落可能的任何物料,都应先行拆除或加以固定,拆卸作业要在设有禁区、有人监护的条件下进行。

七、气割、电焊的"十不"规定

(1)焊工必须持证上岗,无特种作业人员安全操作证的人员,不准进行焊、割作业。

(2)凡属一、二、三级动火范围的焊、割作业,未经审批手续,不准进行焊、割作业。

(3)焊工不了解焊、割现场周围情况,不得进行焊、割。

(4)焊工不了解焊件内部是否完好时,不得进行焊、割。

(5)各种装过可燃气体,易燃液体和有毒物质的容器,未经彻底清洗,排除危险性之前,不准进行焊、割。

(6)用可燃材料做保温层、冷却层、隔热设备的部位,或火星能飞溅到的地方,在未采取切实可靠的安全措施之前,不准焊、割。

(7)有压力或密封的管道、容器,不准焊、割。

(8)焊、割部位附近有易燃易爆物品,在未作清理或未采取有效的安全措施之前,不准焊、割。

(9)附近有与明火作业相抵触的工种在作业时,不准焊、割。

(10)在外单位相连的部位,在没有弄清有无险情,或明知存在危险而未采取有效的措施之前,不准焊、割。

八、防止机械伤害的"一禁、二必须、三定、四不准"

(1)不懂电器和机械的人员严禁使用和摆弄机电设备。

(2)机电设备完好,必须有可靠有效的安全防护装置。

（3）机电设备停电、停工休息时必须拉闸关机，按要求上锁。

（4）机电设备应做到定人操作；定人保养、检查。

（5）机电设备应做到定期管理、定期保养。

（6）机电设备应做到定岗位和岗位职责。

（7）机电设备不准带病运转。

（8）机电设备不准超负荷运转。

（9）机电设备不准在运转时维修保养。

（10）机电设备运行时，操作人员不准将头、手、身伸入运转的机械行程范围内。

Ⅲ 学生顶岗实习考核大纲

顶岗实习考核包括两部分：

一、工地实习企业指导老师评语

实习结束后，工地实习指导人根据学生在施工现场实习时理论联系实际的情况、分析问题与解决问题的能力，并结合工地实际表现、工作态度、遵守纪律与规章制度的情况，在实习成绩表中写出评语。评语要求实事求是和一分为二，在肯定成绩的同时，亦要指出不足和今后努力的方向。评语及意见应加盖公章，由学生带回学校，学生返校后连同实习日记和实习报告一并交至班主任老师处，再由班主任老师按成绩册上的序号整理并编好号后交系办公室。工地实习企业指导老师评语是学生实习成绩评定的依据之一。

二、学校实习指导教师对实习成绩的评定

学校实习指导教师依据工地实习指导人评语、实习日记、实习报告情况，确定最终实习成绩，实习成绩按五级评定（优、良、中、及格、不及格）。

1. 实习成绩评定依据
（1）实习报告。
（2）实习日记。
（3）工地实习企业指导老师评语和给出的成绩。
（4）学校指导老师评语和给出的成绩。

2. 实习成绩评定标准
（1）评为"优"的条件。
①实习报告内容完整，有1~2个主要工种工程施工全过程的书面总结，有施工组织设计文件拟定或执行情况的调查或现场生产管理调查报告，有对实习内容的认识和体会。
②实习单位反映好。
③实习日记完整，记录清楚真实。
（2）评为"良"的条件。
①实习日记完整，记录清楚。
②实习报告内容基本完整，有1~2个工种工程施工全过程的书面总结，有对实习内容的认识和体会。
③实习单位反映好。
（3）评为"中"的条件。
①实习日记完整，记录清楚。
②实习报告内容基本完整，有1~2个工种工程施工全过程的书面总结。
③单位反映好。
（4）评为"及格"的条件。

11

①实习日记完整，记录尚清楚。

②实习报告只有一个工种工程施工全过程的书面总结。

③实习单位反映较好。

（5）具有下列情况之一者定为"不及格"。

①实习日记不完整，或缺少三分之一以上的实习日记或者无实习报告。

②实习单位反映不好。

③在生产实习中严重违纪和弄虚作假，抄袭他人实习成果。

Ⅳ 建筑工程技术专业顶岗实习任务及指导

模块一 土方工程施工顶岗实习

一、土方工程施工顶岗实习任务

（一）顶岗实习目的

（1）通过对土方工程施工实习，增强劳动观念及团队合作能力，提高工程现场管理能力。

（2）掌握土方工种人工操作技能及机械操作工艺。

（3）领会土方工程施工操作规程和安全技术规程。

（4）掌握土方工程施工的施工程序、方法和质量评定检测标准。

（5）掌握土方工程施工现场管理的内容和要求。

（6）进一步掌握土方工程中测量放线仪器的使用。

（二）实习内容

1.基坑（槽）开挖及支护

（1）准备工作内容。

（2）施工操作工艺及流程。

（3）质量控制标准。

（4）质量与安全事故预防及处理。

2.排水与降水

（1）准备工作内容。

（2）施工操作工艺及流程。

（3）施工注意事项。

3.土方回填

（1）准备工作内容。

（2）施工操作工艺及流程。

（3）质量控制标准。

（4）施工注意事项。

二、土方工程施工顶岗实习指导

土方工程是单位工程中一个十分重要的分部工程。其工作程序如下：

场地平整——土方开挖及支护——排水与降低地下水位——土方回填。

土方工程的施工应符合《建筑地基基础工程施工质量验收规范》及其他相关规范、规程的规定。

（一）基坑（槽）开挖及支护

1. 施工准备

（1）挖土前，有阻碍施工的建筑物和构筑物、地上及地下有关的管线（包括电力、通讯、给水、排水、煤气、供热等）、树木、坟墓等要取得详细资料，并安排拆除或搬迁。

（2）施工机械进入现场所经过的道路和机械上下设施等应事先勘查，做好必要的加宽、加固工作。

（3）在施工现场修筑汽车行走的便道，坡度不应大于1∶5.5，其路面应填筑适当厚度的碎（砾）石或石粉。土方工程机械，其施工坡度最大应控制在1∶3之内，轮胎式机械坡度还要缓一些。

（4）临时性挖方边坡坡度，应在施工组织设计（方案）中制定。考虑使用时间长短，根据工程地质、地下水位、挖方深度和地面荷载情况，通过计算并结合当地同类土体的稳定坡度值确定。

表1-1　临时性挖方边坡坡度值

土的类别		边坡坡度（高∶宽）
砂土（不包括细砂、粉砂）		1∶1.25～1∶1.5
一般黏性土	坚硬	1∶0.75～1∶1
	硬塑	1∶1～1∶1.25
碎石土	充填坚硬、硬塑黏性土	1∶0.5～1∶1
	充填砂土	1∶1～1∶1.5

注：①本表适用于时间较长（超过一年）的临时道路、临时工程的挖土；
　　②岩石边坡度根据岩石性质、风化程度、层理特性和挖土深度确定。

（5）建筑物位置的标准轴线桩、水平桩及灰线尺寸，已经过复核。

（6）在基坑施工前，应编制施工组织设计（方案）。根据地质资料和地下水位对基坑开挖的影响，确定基坑开挖的围护方案，以保证基坑作业顺利进行。

（7）决定挖土方案，包括开挖方法、挖土顺序、堆土弃土位置、运土方法及路线等。

（8）障碍物和地下管道已进行处理或迁移。

（9）排水或降水的设施准备就绪。

2. 工艺流程

放线──挖土、挖基坑周边地面截（排）水沟──修边坡──维护坡面──挖土至坑底面设计标高并验槽──挖基底周边排水沟、基底找平。

3. 操作工艺

（1）大型土方机械开挖应从上而下分层分段依次进行，严禁在高度超过3 m或在不稳定土体之下"偷岩"（无坡脚或负坡脚）作业。深基坑每挖1 m左右即应检查通直修边，随时修正偏差。在挖方边坡上如发现有危岩、孤岩、古滑坡等土体或导致岩（土）体向挖方一侧滑移的软弱夹层、裂隙时，应及时清除和采取相应措施，以防止岩（土）体崩塌与下滑。

（2）在滑坡地段挖方时，应详细了解地质资料，从挖土的方向和手段制定方案，防止滑坡发生。

（3）在软土地区设桩密集的场地内开挖深基坑时，邻近四周不得有振动作用。挖土宜分层均匀进行，并应注意基坑土体的稳定，加强土体变形监测，防止由于挖土过快或边坡过陡使基坑中卸载过速、土体失稳等原因而引起的桩身上浮、倾斜、位移、断裂等事故。

（4）基坑开挖接近坑底标高时，应尽量保护好地基土结构，减少对地基土的扰动。使用挖土机开挖（正铲或反铲）时，可在设计开挖标高以上保留30 cm的土层暂时不挖。所有预留厚度应在基础施工前用人工挖除。

（5）土方边坡的加固（包括填方、排水沟和截水沟等的边坡），应遵照设计图纸要求和施工组织设计（方案）进行施工。

（6）土质均匀，且地下水位低于基坑（槽）或管沟底面标高，挖方深度不超过下列规定时，可以考虑不放坡和不加支撑。

密实、中等密实的砂土和碎石类土（填充物为砂土）——1.0 m；

硬塑、可塑的轻亚黏土及亚黏土——1.25 m；

硬塑、可塑的黏土——1.5 m；

坚硬的黏土——2 m。

（7）当地质条件良好，土质均匀且地下水位低于基坑（槽）或管沟底面标高时，挖土深度在5 m以内不加支撑的边坡，其边坡坡度应符合表1-2的规定。

超过5 m深度的基坑（槽）和管沟开挖时，其边坡坡度应根据土的内摩擦角和凝聚力计算确定。

（8）当基坑（槽）必须设置坑壁支撑时，应根据开挖深度、土质条件、地下水位、施工时间长短、施工季节和当地气象条件、施工方法与相邻建（构）筑物等情况进行设计和选择，一般上述条件均有利于施工的，可采用断续垂直支撑、断续水平支撑和连续垂直支撑、连续水平支撑等方法，可参考表1-3。当深度较大和土质复杂时，必须选择有效的深基坑支护技术，一般应由相应资质的设计单位负责设计。按省住建厅有关文件，也可由公司有经验的技术人员通过认真周密的设计并制定方案，但须经公司总工程师审定后方能实施。

表1-2　深度在5 m内的基坑（槽）管沟边坡的最大坡度

土的类别	边坡坡度（高：宽）		
	坡顶无荷载	坡顶有静载	坡顶有动载
中密的砂土	1:1.00	1:1.25	1:1.50
中密的碎石类土（填充物为砂土）	1:0.75	1:1.00	1:1.25
中密的碎石类土（填充物为黏性土）	1:0.50	1:0.67	1:0.75
硬塑的轻亚黏土	1:0.67	1:0.75	1:1.00
硬塑的亚黏土、黏土	1:0.33	1:0.50	1:0.67
老黄土	1:0.10	1:0.25	1:0.33
软土（经井点降水后）	1:1.00	—	—

注：静载指堆土或材料等，动载指机械挖土或汽车运输作业等。

表1-3 基坑(槽)加固支撑选用表

土的情况	基槽开挖深度/m	支撑形式
天然湿度的黏土类,地下水很少。	3以内	断续支撑
天然湿度的黏土类,地下水很少	3~5	连续支撑
松散和湿度很高的土	—	连续支撑
松散和湿度较高的土,地下水很多且有液化现象	—	如未用降低水位措施则用板桩加支撑

注:本表适用于贫雨地区或少雨季节施工。

(9)采用钢(木)板桩、钢筋混凝土预制桩或灌注桩作坑壁支撑时,其构造或是否加设锚杆应按设计方案的规定。施工中应经常检查,如发现有变形、沉降等现象,应及时采取加固措施,以及通知设计人员。在雨期更应加强检查。

(10)采用钢筋混凝土地下连续墙用坑壁支撑时,其施工和验收要求应按设计图和有关规范规定执行。

(11)基坑(槽)底部开挖宽度应根据基础或防水处理施工工艺决定。

混凝土基础或垫层需支模者,每边增加工作面0.3 m;需用防水涂料(卷材)或防水砂浆做垂直防水(潮)层时,增加工作面1~1.2 m。

(12)管沟底部开挖宽度(有支撑者为撑板间的净宽),除管道结构宽度外,每侧增加工作面宽度,可参照表1-4采用。

表1-4 管沟底部每侧工作面宽度

管道结构宽度/mm	每侧工作面宽度/mm	
	非金属管道	金属管道或砖沟
200~500	400	300
600~1000	500	400
1100~1500	600	600
1600~2500	800	800

注:①管道结构宽度:无管座按管身外皮计;有管座按管座外皮计;砖砌或混凝土按管沟外皮计。
②沟底需增设排水沟时,工作面宽度可适当增加。

(13)在原有建(构)筑物邻近挖土,如深度超过原建(构)筑物基础底标高,其挖土坑(槽)边与原基础边缘的距离必须大于高差的1~2倍(土质好时可取低限),并对边坡采取保护措施;如对旧有建(构)筑物基底有影响时,必须提请有关部门有建(构)筑物基础变形、沉陷的加固措施后方可施工。

(14)基坑(槽)和管沟的土方完成后应排干积水和清底,及时进行下一工序的施工。

(15)基坑(槽)和管沟挖土深度不得超过设计基底标高,对于个别超挖处,应使用石粉、碎石填补,并应夯实至要求的密实度。在天然地基或重要部位超挖时,应采用设计单位同意的补填方法(如采用低强度等级素混凝土等)去填补,并办好签证手续。

(16)采用天然地基的基础,挖至基坑(槽)底时,应会同甲方、质量监督站和设计人员进行验槽。如缺乏地质资料或土质复杂的情况,必须进行钎探。钎探布置设计未规定时,可按表1-5执行。

钎探可采用人力或机械进行。钢钎可选用$\phi 22 \sim 25$ mm圆钢制成,长$1.3 \sim 1.8$ m,钎尖呈$60°$锥状,用锤重$3.6 \sim 4.5$ kg,落锤高度$500 \sim 700$ mm,将钢钎垂直打入土中,每打入300 mm记录一次锤击数,最后将钎探记录和结果分析对照天然地基情况而作出鉴定,如设计人提出也可使用轻便触探器进行试验。

钎探后的孔要填灌中砂至密实状态。

表1-5　钎探排列表

槽宽/mm	排列方式	间距/m	深度/m
小于800	中心一排	1.5	1.5
800~2000	两排错开	1.5	1.5
大于2000	梅花型	1.5	2.0
柱基	梅花型	1.5~2.0	1.5(并不短于短边)

(17)挖方的弃土或放土,应保证挖方边坡的稳定与排水,当土质良好时,应距槽沟边缘0.8 m以外堆放,且高度不宜超过1.5 m。在软土地区,不得在挖方上侧放土。

(18)在软土地区开挖基坑(槽)或管沟时,应按施工组织设计或方案规定施工。

(19)土方工程一般不宜在雨天进行。在雨季施工时,工作面不宜过大。应逐段、逐片地完成,并应切实制订雨季施工的安全技术措施。

(20)土方边坡的加固(包括填方、排水沟和截水沟等边坡),应按土质、地下水位情况,并结合施工周期和季节制定保护方案。

(21)为减少对地基土的扰动,机械挖土应在基底标高以上保留$200 \sim 300$ mm,以后用人工挖平清底;如人工挖土后不能立即修筑基础或铺设管道时,也应保留150 mm厚的土层暂时不挖。所有预留厚度应在基础施工前用人工挖除。

4.质量标准

保证项目

(1)基坑、基槽和管沟底的土质必须符合设计要求,并严禁扰动。

(2)土方工程允许偏差和质量检验标准见表1-6。

表 1-6　土方开挖工程质量检验标准

项	序	项目	允许偏差或允许值/mm					检验方法
			柱基、基坑、基槽	挖方场地平整		管沟	地（路）面基层	
				人工	机械			
主控项目	1	标高	-50	±30	±50	-50	-50	用水准仪检查
	2	长度、宽度（由设计中心线向两边量）	+200 -50	+300 -100	+500 -100	+100	—	用经纬仪、和钢尺检查
	3	边坡坡度	按设计要求					观察或用坡度尺度检查
一般项目	1	表面平整度	20	20	50	20	20	用2m靠尺和楔形塞尺检查
	2	基本土性	按设计要求					观察或土样分析

5.施工注意事项

（1）避免工程质量通病

①基坑开挖，在有水平标准严格控制基底的标高，标桩间的距离≤3 m，以防基底超挖。

②在软土地层开挖桩基承台基坑时，应按工程桩施工顺序流水作业，以保证桩身强度达到70%以上时才开挖基坑。挖方要对称进行，高差不应超过0.8 m，防止软土滑陷而发生桩身位移。

③在地下水位以下挖土，必须有措施、有方案。地质资料反映有细砂粉土、中粗砂层的工程项目，必须有截水、降水等有效防止流砂的措施。

（2）主要安全技术措施

①夜间施工时，施工现场应有足够照明设施，在危险地段设置明显的警示标志和护栏。

②土方开挖前，应对周围环境进行普查，清除安全隐患。对邻近设施在施工中进行沉降和位移观测。

（3）产品保护

①对定位桩、水准点等应注意保护好，挖运土时不得碰撞。并应定期复测，检查其可靠性。

②基坑(槽)、管沟的直立壁和边坡，在开挖后应有措施，避免塌陷。

③挖土需要的支护结构，在基础施工的全过程要做好保护，不得任意损坏或拆除。

（二）排水与降水

1.施工准备

（1）挖土方前，应根据工程地质资料反映的土质和地下水位情况制定排水或降水方案，并根据方案配置施工机具。

（2）基坑(槽)排出的地下水应经过沉淀处理符合环保要求后方能排入市政下水道或河沟。

2. 操作工艺

（1）大型土方施工，应在基坑顶四周设置临时排水沟或截水沟，其截面宜为（300～400）mm（宽）×400 mm（深），纵向坡度宜为0.5%。临时排水沟或截水沟的设置应尽量与永久性排水设施相结合。

（2）在地下水位较低和土质较好的情况下，基坑底四周设置排水沟、集水井，采用明沟排水的方法，必要时可在中间加设小支沟与边沟连通。排水沟的截面宜为（300～400）mm（宽）×400 mm（深），纵向坡度宜为0.5%。集水井的截面宜为600 mm（长）×600 mm（宽）×1000 mm（深），每20～30 m 设一个。基坑底地下水由排水沟流入集水井，然后用高扬程潜水泵排走。

（3）当地下水较大而土质属细砂、粉砂土时，基坑挖土容易产生流砂现象，需用围蔽截水和人工降低地下水位等方法。

（4）围蔽截水的施工方法可以选择钢板桩、钢筋混凝土排桩、地下连续墙、定喷桩幕墙、旋喷桩、深层搅拌桩等，其可根据施工地形、水文地质资料和施工方法等确定，并在施工组织设计中确定。

（5）采用人工降低地下水位的方法，应根据挖土的深度和规模，选择钻孔集水井降水或轻型井点降水，其井点的布置数量和形式，要根据含水层渗透系数和涌水量计算确定，并相应配套抽水设备。

3. 施工注意事项

（1）抽水设备的电器部分必须做好防止漏电的保护措施，严格执行接地、接零和使用漏电开关三项要求。施工现场电线应架空拉设，用三相五线制。

（2）在土方开挖后，应保持降低地下水位在基坑底500 mm 以下，防止地下水扰动基底土。

（3）在降水过程中，应防止相邻及附近已有建筑物或构筑物、道路、管线等发生下沉或变形，必要时与设计、建设单位协商，对原建筑物地基采取回灌技术等防护措施。

（三）土方回填

1. 施工准备

（1）材料

①回填土：宜优先利用基槽中挖出的优质土。回填土内不得含有有机杂质，粒径不应大于50 mm，含水量应符合压实要求。

②石屑：不应含有有机杂质。

③填土材料如无设计要求，应符合下列规定：

碎石、砂土（使用细、粉砂时应取得设计单位同意，并办好签证手续）和爆破石碴，可作表层以下的填料。

含水量符合压实要求的黏性土，可作各层的填料。

碎块草皮和有机质含量大于8%的黏性土，仅用于无压实要求的填方。

④淤泥和淤泥质土一般不能用作填料，但在软土或沼泽地区，经处理其含水率符合压实要求的，可用于填方中的次要部位。

⑤含有机质的生活垃圾土、流动状态的泥炭土和有机质含量大于8%的黏性土等，不得用作填方材料。

（2）作业条件

①填土基底已按设计要求完成或处理好，并办理验槽签证。

②基础、地下构筑物及地下防水层、保护层等已进行检查和办好隐蔽验收手续，其结构已达到规定强度。

③大型土方回填前应根据工程特点、填料种类、设计压实系数、施工条件和压实工艺等合理确定填料含水量、每层填土厚度和压实遍数等施工参数。重要的填方工程和路基，其参数应通过压实测定确定。

④室内地台和管沟的回填，应在完成上下水道安装（经试水合格）或间墙砌筑，并将填区内的积水和有机杂物等清除干净后再进行。

⑤在建（构）筑物地面以下的填方，若填筑厚度小于 0.5 m，应清除基底上的草皮和垃圾；若填筑厚度小于 1 m，应清除树墩及割去长草。

⑥填土前，应做好水平高程的测设。基坑（槽）或沟坡边上按需要的间距打入水平桩，室内和散水的墙边应有水平标记。

2.操作工艺

（1）当填方基底为积土或耕植土时，如设计无要求，可采用推土机或工程机械压实 5～6 遍。

（2）填筑黏性土，应在填土前检验填料的含水率。含水量偏高时，可采用翻松晾晒，均匀掺入干土等措施；含水量偏低，可预先洒水湿润，增加压实遍数或使用大功率压实机械等措施。

（3）使用碎石类土或爆破石渣作填料时，其最大粒径不得超过每层铺填厚度的 2/3（当使用振动辗压时，不得超过每层铺填厚度的 3/4）。铺填时，大块料不应集中，且不得填在分段接头处或填方与山坡连接处。

若填方场内有打桩或其他特殊工程时，块（漂）石填料的最大粒径不应超过设计要求。

（4）填料为砂土或碎石土（充填物为砂土）时，回填前宜充分洒水湿润，可用较重的平板振动器分层振实，每层振实不少于三遍。

（5）回填土应水平分层找平夯实，分层厚度和压实遍数应根据土质、压实系数和机具的性能参照表 1－7 选定。

（6）路基和密实度要求较高的大型填方，宜用振动平辗压实。使用自重 8～15t 的振动平辗压实爆破石碴类土时，铺土厚度一般为 0.6～1.5 m，宜先静压，后振压。辗压遍数应由现场试验确定，一般为 6～8 遍。

（7）墙柱基回填应在相对两侧或四侧对称同时进行。两侧回填高差要控制，以免把墙挤歪；深浅两基坑（槽）相连，应先填夯深基础，填至浅基坑标高时，再与浅基坑一起填夯。

（8）分段分层填土，交接处应填成阶梯形，每层互相搭接，其搭接长度应不少于每层填土厚度的两倍，上下层错缝距离不少于 1 m。

表1-7 填方分层的铺土厚度和压实遍数

压实机具	每层铺土厚度/mm	每层压实遍数
平碾	250～300	6～8
振动压实机	250～300	3～4
柴油打夯机	200～250	3～4
人工打夯	<200	3～4

注：①辗压时，轮(夯)迹应相互搭接，防止漏压。

②当用5t、8～10t、12t压路和辗压时，每层铺土厚度分别为0.25m、0.4m，压实10～12、8～10、4～6遍。

③当用功率(kW)60以下的履带式推土机辗压时，每层铺土0.2～0.3m，压实6～8遍。

(9)挡土墙背的填土，应选用透水性较好的土，如石屑或掺入碎石等，并按设计要求做好滤水层和排水盲沟。

(10)混凝土、砖、石砌体挡土墙，必须在混凝土或砂浆达到设计强度后才能回填土方，否则要作护壁支撑方案，以防挡土墙变形倾覆。

(11)管沟内填土，应从管道两边同时进行回填和夯实。填土超过管顶0.5 m厚时，方准用动力打夯，但不宜用振动辗压实。

(12)对有压实要求的填方，在打夯或辗压时，如出现弹性变形的土(俗称橡皮土)，应将该部分土方挖除，另用砂石含砂石较大的土回填。

(13)采用机械压实的填土，在角部用人工加以夯实。

人工填土，每层填土厚度为150 mm，夯重应为30～40 kg；每层厚度为200 mm，夯重应为60～70 kg。打夯要领为"夯高过膝，一夯压半夯，夯排三次"。夯实基坑(槽)、地坪，行夯路线由四边开始，夯向中间。

(14)填方基土为杂填土，应按设计要求加固地基，并妥善处理基底下的软硬点、空洞、旧基及暗塘等。

填方基土为软土，应根据设计要求进行地基处理。如设计无要求时，应按现行规范的规定施工。

(15)每层填土压实后都应做干容重试验，用环刀法取样，基坑每20～50 m长度取样一组(每个基坑不少于一组)；基槽或管沟回填，按长度20～50 m取样一组；室内填土按100～500 m^2取样一组；场地平整按400～900 m^2取样一组。

采用灌砂(或灌水)法取样时，取样数量可较环刀法适当减少，并注意正确取样的部位和随机性。

3. 质量标准

(1)保证项目

①基底处理，必须符合设计要求或施工规范的规定。

②回填土的土料，必须符合设计要求或施工规范的规定。

③回填土必须按规定分层夯压密实。取样确定压实的干密度，应有90%以上符合设计要求，允许偏差不得大于0.08 g/cm^3，且应分散，不得集中。

（2）填土工程允许偏差

见表1-8。

表1-8　填土工程质量检验标准

项	序	检查项目	允许偏差或允许值/mm					检验方法
			柱基、基坑、基槽	挖方场地平整		管沟	地(路)面基层	
				人工	机械			
主控项目	1	标　高	-50	±30	±50	-50	-50	用水准仪检查
	2	分层压实系数	按要求设计					按规定方法
一般项目	1	表面平整度	20	20	30	20	20	用2m靠尺和楔形塞尺检查
	2	回填土料	按设计要求					取样检查或直观鉴别
	3	分层厚度及含水量	按设计要求					用水准仪及抽样检查

4.施工注意事项

（1）避免工程质量通病

①回填土应按规定每层取样测量夯实后的干容重，在符合设计或规范要求后才能回填上一层。

②严格控制每层回填土厚度，禁止汽车直接卸土入槽。

③严格选用回填土料质量，控制含水量、夯实遍数等是防止回填土下沉的重要环节。

④管沟下部、机械夯填的边角位置及墙与地坪、散水的交接处，应仔细夯实，并应使用细粒土料回填。

⑤雨天不应进行填方的施工。如必须施工时，应分段尽快完成，且宜采用碎石类土和砂土、石屑等填料。现场应有防雨和排水措施，防止地面水流入坑(槽)内。

⑥路基、室内地台等填土后应有一段自然沉实的时间，测定沉降变化，稳定后才进行下一工序的施工。

（2）产品保护

①施工时，应注意保护有关轴线和水准高程桩点，防止碰撞下沉。

②基础或管沟的混凝土、砂浆应达到一定的强度，不致受损坏时方可进行回填作业。

③已完成的填土应将表面压实，路基宜做成一定的坡向排水。

④基坑回填应分层对称，防止造成一侧压力不平衡，破坏基础或构筑物。

模块二   独立基础施工顶岗实习

一、独立基础施工顶岗实习任务

（一）顶岗实习目的

（1）通过对独立基础施工，增强劳动观念、团队合作能力，提高工程现场管理能力。

（2）掌握混凝土独立基础施工各工种操作规程及施工工艺。

（3）领会独立基础施工操作规程和安全技术规程。

（4）掌握独立基础施工的施工程序、方法和质量评定检测标准。

（5）掌握独立基础施工现场管理的内容和要求。

（二）实习内容

1. 钢筋工程

（1）准备工作内容。

（2）工种操作工艺及流程。

（3）质量控制标准。

（4）质量与安全事故预防及处理。

2. 模板工程

（1）准备工作内容。

（2）工种操作工艺及流程。

（3）质量控制标准。

（4）质量与安全事故预防及处理。

3. 混凝土工程

（1）准备工作内容。

（2）工种操作工艺及流程。

（3）质量控制标准。

（4）质量与安全事故预防及处理。

二、独立基础施工顶岗实习指导

混凝土独立柱基础是扩展基础中常见的一种基础形式。其工作程序如下：

清理──→混凝土垫层──→钢筋绑扎──→相关专业施工──→清理──→支模板──→清理──→混凝土搅拌──→混凝土浇筑──→混凝土振捣──→混凝土找平──→混凝土养护──→模板拆除。

独立基础的施工应符合《建筑地基基础工程施工质量验收规范》、《钢筋混凝土结构工程施工质量验收规范》及其他相关规范、规程的规定。

（一）施工准备

1. 作业条件

（1）办完验槽记录及地基验槽隐检手续。

（2）办完基槽验线预检手续。

（3）有混凝土配合比通知单、准备好试验用工器具。

（4）做完技术交底。

2. 材质要求

（1）水泥：水泥品种、强度等级应根据设计要求确定，质量符合现行水泥标准。工期紧时可做水泥快测。必要时要求厂家提供水泥含碱量的报告。

（2）砂、石子：根据结构尺寸、钢筋密度、混凝土施工工艺、混凝土强度等级的要求确定石子粒径、砂子细度。砂、石质量符合现行标准。必要时做骨料碱活性试验。

（3）水：自来水或不含有害物质的洁净水。

（4）外加剂：根据施工组织设计要求，确定是否采用外加剂。外加剂必须经试验合格后，方可在工程上使用。

（5）掺合料：根据施工组织设计要求，确定是否采用掺合料。质量应符合现行标准。

（6）钢筋：钢筋的级别、规格必须符合设计要求，质量符合现行标准要求。表面无老锈和油污。必要时做化学分析。

（7）脱模剂：水质隔模剂。

3. 工器具

备有搅拌机、磅秤、手推车或翻斗车、铁锹、振捣棒、刮杆、木抹子、胶皮手套、串筒或溜槽、钢筋加工机械、木制井字架等。

（二）操作工艺

工艺流程：

清理─→混凝土垫层─→钢筋绑扎─→相关专业施工─→清理─→支模板─→清理─→混凝土搅拌─→混凝土浇筑─→混凝土振捣─→混凝土找平─→混凝土养护─→模板拆除。

1. 清理及垫层浇灌

地基验槽完成后，清除表层浮土及扰动土，不留积水，立即进行垫层混凝土施工，垫层混凝土必须振捣密实，表面平整，严禁晾晒基土。

2. 钢筋绑扎

垫层浇灌完成后，混凝土达到 1.2 MPa 后，表面弹线进行钢筋绑扎，钢筋绑扎不允许漏绑，柱插筋弯钩部分必须与底板筋成 45°绑扎（如图 2 - 1），连接点处必须全部绑扎。距底板50 mm 处绑扎第一个箍筋，距基础顶 50 mm 处绑扎最后一道箍筋。作为标高控制筋及定位筋，柱插筋最上部再绑扎一道定位筋，上下箍筋及定位箍筋绑扎完成后将柱插筋调整到位并用井字木架临时固定，然后绑扎剩余箍筋，保证柱插筋不变形走样，两道定位筋在基础混凝土浇完后，必须进行更换。

钢筋绑扎好后底面及侧面搁置保护层塑料垫块，厚度为设计保护层厚度，垫块间距不得大于 1000 mm（视设计钢筋直径确定），以防出现露筋的质量通病。

注意对钢筋的成品保护，不得任意碰撞钢筋，造成钢筋移位。

3. 模板

钢筋绑扎及相关专业施工完成后立即进行模板安装，模板采用小钢模或木模，利用架子管或木方加固。锥形基础坡度 >30°时，采用斜模板支护，利用螺栓与底板钢筋拉紧，防止上浮，模板上部设透气及振捣孔；坡度 ≤30°时，利用钢丝网（间距 300 mm）防止混凝土下坠，上口设井子木控制钢筋位置。不得用重物冲击模板，不准在吊帮的模板上搭设脚手架，保证模板的牢固和严密。

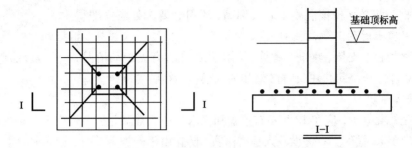

图 2－1　独立柱基钢筋绑扎示意图

4.清理

清除模板内的木屑、泥土等杂物，木模浇水湿润，堵严板缝及孔洞。

5.混凝土现场搅拌

(1)每次浇筑混凝土前1.5h左右，由土建工长或混凝土工长填写"混凝土浇筑申请书"，一式3份，施工技术负责人签字后，土建工长留一份，交试验员一份，资料员一份归档。

(2)试验员依据混凝土浇筑申请书填写有关资料。做砂石含水率测定，调整混凝土配合比中的材料用量，换算每盘的材料用量，写配合比板，经施工技术负责人校核后，挂在搅拌机旁醒目处。定磅秤或电子秤及水继电器。

(3)材料用量、投放：水、水泥、外加剂、掺合料的计量误差为±2%，砂石料的计量误差为±3%。

投料顺序为：石子——水泥——外加剂粉剂——掺合料——砂子——水——外加剂液剂。

(4)搅拌时间。

强制式搅拌机：不掺外加剂时，不少于90 s；掺外加剂时，不少于120 s。

自落式搅拌机：在强制式搅拌机搅拌时间的基础上增加30 s。

(5)当一个配合比第一次使用时，应由施工技术负责人主持，做混凝土开盘鉴定。如果混凝土和易性不好，可以在维持水灰比不变的前提下，适当调整砂率、水及水泥量，至和易性良好为止。

6.混凝土浇筑

混凝土应分层连续进行，间歇时间不超过混凝土初凝时间，一般不超过2 h，为保证钢筋位置正确，先浇一层50～100 mm厚混凝土固定钢筋。台阶型基础每一台阶高度整体浇捣，每浇完一台阶停顿0.5 h待其下沉，再浇上一层。分层下料，每层厚度为振动棒的有效振动长度。防止由于下料过厚，振捣不实或漏振，吊帮的根部砂浆涌出等原因造成蜂窝、麻面或孔洞。

7.混凝土振捣

采用插入式振捣器，插入的间距不大于作用半径的1.5倍。上层振捣棒插入下层30～50 mm。

尽量避免碰撞预埋件、预埋螺栓，防止预埋件移位。

8.混凝土找平

混凝土浇筑后，表面比较大的混凝土，使用平板振捣器振一遍，然后用杆刮平，再用木抹子搓平。收面前必须校核混凝土表面标高，不符合要求处应立即整改。

9.浇筑混凝土时的其他注意事项

经常观察模板、支架、钢筋、螺栓、预留孔洞和管有无走动情况，一经发现有变形、走动或位移时，立即停止浇筑，并及时修整和加固模板，然后再继续浇筑。

10.混凝土养护

已浇筑完的混凝土，应在 12 h 左右覆盖和浇水。一般常温养护不得少于 7 昼夜，特种混凝土养护不得少于 14 昼夜。养护设专人检查落实，防止由于养护不及时，造成混凝土表面裂缝。

11.模板拆除

侧面模板在混凝土强度能保证其棱角不因拆模板而受损坏时方可拆模，拆模前设专人检查混凝土强度，拆除时采用撬棍从一侧顺序拆除，不得采用大锤砸或撬棍乱撬，以免造成混凝土棱角破坏。

(三) 质量标准

要求符合《建筑地基基础工程施工质量验收规范》、《钢筋混凝土结构工程施工质量验收规范》的规定。

1.钢筋工程

(1)钢筋加工工程

1)主控项目

①钢筋进场时，应按现行国家标准的规定抽取试件作力学性能检验，其质量必须符合标准的规定。

②对有抗震设防要求的框架结构，其纵向受力钢筋的强度应满足设计要求；当设计无具体要求时，对一、二级抗震等级，检验所得的强度实测值应符合下列规定：

a.钢筋的抗拉强度实测值与屈服强度实测值的比值不应小于 1.25；

b.钢筋的屈服强度实测值与强度标准值的比值不应大于 1.3。

③当发现钢筋脆断、焊接性能不良或力学性能显著不正常等现象时，应对该批钢筋进行化学成分检验或其他专项检验。

④受力钢筋的弯钩和弯折应符合下列规定：

HPB300 级钢筋末端应作 180°弯钩，其弯弧内直径不应小于钢筋直径的 2.5 倍，弯钩的弯后平直部分长度不应小于钢筋直径的 3 倍。

当设计要求钢筋末端需作 135°弯钩时，HRB335 级、HRB400 级钢筋的弯弧内直径不应小于钢筋直径的 4 倍，弯钩的弯后平直部分长度应符合设计要求。

钢筋作不大于 90°的弯折时，弯折处的弯弧内直径不应小于钢筋直径的 5 倍。

⑤除焊接封闭环式箍筋外，箍筋的末端应作弯钩，弯钩形式应符合设计要求；当设计无具体要求时，应符合下列规定：

a.箍筋弯钩的弯弧内直径除应满足第④条的规定外，还应不小于受力钢筋直径。

b.箍筋弯钩的弯折角度：对一般结构，不应小于 90°；对有抗震等要求的结构，应为 135°。

c.箍筋弯后平直部分长度：对一般结构，不宜小于箍筋直径的 5 倍；对有抗震等要求的结构，不应小于箍筋直径的 10 倍。

2）一般项目

①钢筋应平直、无损伤，表面不得有裂纹、油污、颗粒状或片状老锈。

②钢筋调直宜采用机械方法，也可采用冷拉方法。当采用冷拉方法调直钢筋时，HPB300 级钢筋的冷拉率不宜大于 4%，HRB335 级、HRB400 级和 RRB400 级钢筋的冷拉率不宜大于 1%。

③钢筋加工的允许偏差应符合下表的规定：

表 2 - 1　钢筋加工的允许偏差

项　　目	允许偏差/mm
受力钢筋顺长度方向全长的净尺寸	±10
弯起钢筋的弯折位置	±20
箍筋内净尺寸	±5

2.钢筋安装工程

（1）主控项目

①纵向受力钢筋的连接方式应符合设计要求。

②在施工现场，应按国家现行标准《钢筋机械连接通用技术规程》、《钢筋焊接及验收规程》的规定抽取钢筋机械连接接头、焊接接头试件作力学性能检验，其质量应符合有关规程的规定。

③钢筋安装时，受力钢筋的品种、级别、规格和数量必须符合设计要求。

（2）一般项目

①钢筋的接头宜设置在受力较小处。同一纵向受力钢筋不宜设置两个或两个以上接头。接头末端至钢筋弯起点的距离不应小于钢筋直径的 10 倍。

②在施工现场，应按国家现行标准《钢筋机械连接通用技术规程》、《钢筋焊接及验收规程》的规定对钢筋机械连接接头、焊接接头的外观进行检查，其质量应符合有关规程的规定。

③当受力钢筋采用机械连接接头或焊接接头时，设置在同一构件内的接头宜相互错开。

纵向受力钢筋机械连接接头及焊接接头连接区段的长度为 35 d（d 为纵向受力钢筋的较大直径）且不小于 500 mm，凡接头中点位于该连接区段长度内的接头均属于同一连接区段。同一连接区段内，纵向受力钢筋机械连接及焊接的接头面积百分率为该区段内有接头的纵向受力钢筋截面面积与全部纵向受力钢筋截面面积的比值。

同一连接区段内，纵向受力钢筋的接头面积百分率应符合设计要求；当设计无具体要求时，应符合下列规定：

a.在受拉区不宜大于 50%。

b.接头不宜设置在有抗震设防要求的框架梁端、柱端的箍筋加密区；当无法避开时，对等强度高质量机械连接接头，不应大于 50%。

c.直接承受动力荷载的结构构件中，不宜采用焊接接头；当采用机械连接接头时，不应大于 50%。

④同一构件中相邻纵向受力钢筋的绑扎搭接接头宜相互错开。绑扎搭接接头中钢筋的横向净距不应小于钢筋直径,且不应小于 25 mm。

钢筋绑扎搭接接头连接区段的长度为 $1.3l_l$(l_l 为搭接长度),凡搭接接头中点位于该连接区段长度内的搭接接头均属于同一连接区段(见图 2 - 2)。同一连接区段内,纵向钢筋搭接接头面积百分率为该区段内有搭接接头的纵向受力钢筋截面面积与全部纵向受力钢筋截面面积的比值。

同一连接区段内,纵向受拉钢筋搭接接头面积百分率应符合设计要求;当设计无具体要求时,应符合下列规定:

a. 对梁类、板类及墙类构件,不宜大于 25%。

b. 对柱类构件,不宜大于 50%。

c. 当工程中确有必要增大接头面积百分率时,对梁类构件,不应大于 50%;对其他构件,可根据实际情况放宽。

纵向受力钢筋绑扎搭接接头的最小搭接长度:根据现行国家标准《混凝土结构设计规范》GB50010 的规定,绑扎搭接受力钢筋的最小搭接长度应根据钢筋强度、外形、直径及混凝土强度等指标经计算确定,并根据钢筋搭接接头面积百分率等进行修正。为了方便施工及验收,给出了确定纵向受拉钢筋最小搭接长度的方法以及受拉钢筋搭接长度的最低限值及确定了纵向受压钢筋最小搭接长度的方法以及受压钢筋搭接长度的最低限值。

⑤在梁、柱类构件的纵向受力钢筋搭接长度范围内,应按设计要求配置箍筋。当设计无具体要求时,应符合下列规定:

a. 箍筋直径不应小于搭接钢筋较大直径的 0.25 倍;

b. 受拉搭接区段的箍筋间距不应大于搭接钢筋较小直径的 5 倍,且不应大于 100 mm;

c. 受压搭接区段的箍筋间距不应大于搭接钢筋较小直径的 10 倍,且不应大于 200 mm;

d. 当柱中纵向受力钢筋直径大于 25 mm 时,应在搭接接头两个端面外 100 mm 范围内各设置两个箍筋,其间距宜为 50 mm。

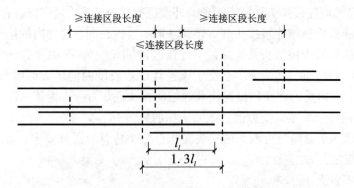

图 2 - 2 钢筋绑扎搭接接头连接区段及接头面积百分率

注:图中所示搭接接头同一连接区段内的搭接钢筋为两根,当各钢筋直径相同时,接头面积百分率为 50%。

表 2-2 钢筋安装位置的允许偏差

项　目			允许偏差/mm
绑扎钢筋网	长、宽		±10
	网眼尺寸		±20
绑扎钢筋骨架	长		±10
	宽、高		±5
受力钢筋	间距		±10
	排距		±5
	保护层厚度	基础	±10
		柱、梁	±5
		板、墙、壳	±3
绑扎箍筋、横向钢筋间距			±20
钢筋弯起点位置			20
预埋件	中心线位置		5
	水平高差		+3.0

注：①检查预埋件中心线位置时，应沿纵、横两个方向量测，并取其中的较大值；

②表中梁类、板类构件上部纵向受力钢筋保护层厚度的合格点率应达到 90% 及以上，且不得有超过表中数值 1.5 倍的尺寸偏差。

2. 模板工程

（1）模板安装工程

1）主控项目

①安装现浇结构的上层模板及其支架时，下层楼板应具有承受上层荷载的承载能力，或加设支架；上、下层支架的立柱应对准，并铺设垫板。

②在涂刷模板隔离剂时，不得沾污钢筋和混凝土接搓处。

2）一般项目

①模板安装应满足下列要求：

模板的接缝不应漏浆；在浇筑混凝土前，木模板应浇水湿润，但模板内不应有积水；

模板与混凝土的接触面应清理干净并涂刷隔离剂，但不得采用影响结构性能或妨碍装饰工程施工的隔离剂；

浇筑混凝土前，模板内的杂物应清理干净；

对清水混凝土工程及装饰混凝土工程，应使用能达到设计效果的模板。

②用作模板的地坪、胎模等应平整光洁，不得产生影响构件质量的下沉、裂缝、起砂或起鼓。

③对于跨度不小于 4 m 的现浇钢筋混凝土梁、板，其模板应按设计要求起拱。当设计无具体要求时，起拱高度宜为跨度的 1/1000～3/1000。

④固定在模板上的预埋件、预留孔和预留洞均不得遗漏，且应安装牢固，其偏差应符合

表 2 - 3 的规定。

表 2 - 3　预埋件和预留孔洞的允许偏差

项　目		允许偏差/mm
预埋钢板中心线位置		3
预埋管、预留孔中心线位置		3
插筋	中心线位置	5
	外露长度	+ 10，0
预埋螺栓	中心线位置	2
	外露长度	+ 10，0
预留洞	中心线位置	10
	尺寸	+ 10，0

⑤现浇结构模板安装的偏差应符合表 2 - 4 规定。

表 2 - 4　现浇结构模板安装的允许偏差

项　目		允许偏差/mm
轴线位置		5
底模上表面标高		±5
截面内部尺寸	基础	±10
	柱、墙、梁	+4，−5
层高垂直度	不大于5m	6
	大于5m	8
相邻两板表面高低差	2 mm	2
表面平整度	5 mm	5

注：检查轴线位置时，应沿纵、横两个方向量测，并取其中的较大值。

（2）模板拆除工程

1）主控项目

①底模及其支架拆除时的混凝土强度应符合设计要求；当设计无具体要求时，混凝土强度应符合表 2 - 5 的规定。

表 2 - 5　底模拆除时的混凝土强度要求

构件类型	构件坡度/mm	达到设计的混凝土立方体抗压强度标准值的百分率/%
板	≤2	≥50
	>2，≤8	≥75
	>8	≥100

续表 2 – 5

构件类型	构件坡度/m	达到设计的混凝土立方体抗压强度标准值的百分率/%
梁、拱、壳	≤8	≥75
	>8	≥100
悬臂构件		≥100

②对后张法预应力混凝土结构构件，侧模宜在预应力张拉前拆除；底模支架的拆除应按施工技术方案执行，当无具体要求时，不应在结构件建立预应力前拆除。

③后浇带模板的拆除和支顶应按施工技术方案执行。

2）一般项目

A. 侧模拆除时的混凝土强度应能保证其表面及棱角不受损伤。

B. 模板拆除时，不应对楼层形成冲击荷载。拆除的模板和支架宜分散堆放并及时清运。

3. 混凝土工程

（1）混凝土原材料及配合比设计

1）主控项目

①水泥进场时应对其品种、级别、包装或散装仓号、出厂日期等进行检查，并应对其强度、安定性及其他必要的性能指标进行复验，其质量必须符合现行国家标准《硅酸盐水泥、普通硅酸盐水泥》GB175 的规定。

当在使用中对水泥质量有怀疑或水泥出厂超过三个月（快硬硅酸盐水泥超过一个月）时，应进行复验，并按复验结果使用。

钢筋混凝土结构、预应力混凝土结构中，严禁使用含氯化物的水泥。

②混凝土中掺用外加剂的质量及应用技术应符合现行国家标准《混凝土外加剂》、《混凝土外加剂应用技术规范》等和有关环境保护的规定。

预应力混凝土结构中，严禁使用含氯化物的外加剂。钢筋混凝土结构中，当使用含氯化物的外加剂时，混凝土中氯化物的总含量应符合现行国家标准《混凝土质量控制标准》的规定。

③混凝土中氯化物和碱的总含量应符合现行国家标准《混凝土结构设计规范》和设计的要求。

④混凝土应按国家现行标准《普通混凝土配合比设计规程》的有关规定，根据混凝土强度等级、耐久性和工作性能等要求进行配合比设计。

对有特殊要求的混凝土，其配合比设计尚应符合国家现行有关标准的专门规定。

2）一般项目

①混凝土中掺用矿物掺合料的质量应符合现行国家标准《用于水泥和混凝土中的粉煤灰》GB1596 等的规定。矿物掺合料的掺量应通过试验确定。

②普通混凝土所用的粗、细骨料的质量应符合国家现行标准《普通混凝土用碎石或卵石质量标准及检验方法》、《普通混凝土用砂质量标准及检验方法》的规定。

③拌制混凝土宜采用饮用水；当采用其他水源时，水质应符合国家现行标准《混凝土拌合用水标准》的规定。

④首次使用的混凝土配合比应进行开盘鉴定，其工作性应满足设计配合比的要求。开始生产时应至少留置一组标准养护试件，作为验证配合比的依据。

⑤混凝土拌制前，应测定砂、石含水率并根据测试结果调整材料用量，提出施工配合比。

（2）混凝土施工

1）主控项目

①结构混凝土的强度等级必须符合设计要求。用于检查结构构件混凝土强度的试件，应在混凝土的浇筑地点随机抽取。取样与试件留置应符合下列规定：

每拌制 100 盘且不超过 100 m³ 的同配合比的混凝土，取样不得少于一次；

每工作班拌制的同一配合比的混凝土不足 100 盘时，取样不得少于一次；

当一次连续浇筑超过 1000 m³ 时，同一配合比的混凝土每 200 m³ 取样不得少于一次；

每一楼层、同一配合比的混凝土，取样不得少于一次；

每次取样应至少留置一组标准养护试件，同条件养护试件的留置组数应根据实际需要确定。

②对有抗渗要求的混凝土结构，其混凝土试件应在浇筑地点随机取样。同一工程、同一配合比的混凝土，取样不应少于一次，留置组数可根据实际需要确定。

③混凝土原材料每盘称量的偏差应符合表 2-6 的规定。

表 2-6　原材料每盘称量的允许偏差

材 料 名 称	允 许 偏 差
水泥、掺合料	±2%
粗、细骨料	+3%
水、外加剂	±2%

注：①各种衡器应定期校验，每次使用前应进行零点校核，保持计量准确；
　　②当遇雨天或含水率有显著变化时，应增加含水率检测次数，并及时调整水和骨料的用量。

④混凝土运输、浇筑及间歇的全部时间不应超过混凝土的初凝时间。同一施工段的混凝土应连续浇筑，并应在底层混凝土初凝之前将上一层混凝土浇筑完毕。

当底层混凝土初凝后浇筑上一层混凝土时，应按施工技术方案中对施工缝的要求进行处理。

2）一般项目

①施工缝的位置应在混凝土浇筑前按设计要求和施工技术方案确定。施工缝的处理应按施工技术方案执行。

②后浇带的留置位置应按设计要求和施工技术方案确定。后浇带混凝土浇筑应按施工技术方案进行。

③混凝土浇筑完毕后，应按施工技术方案及时采取有效的养护措施，并应符合下列规定：

应在浇筑完毕后的 12 h 以内对混凝土加以覆盖并保湿养护；

混凝土浇水养护时间：对采用硅酸盐水泥、普通硅酸盐水泥或矿渣硅酸盐水泥拌制的混凝土，不得少于 7 d；对掺用缓凝型外加剂或有抗渗要求的混凝土，不得少于 14 d；

浇水次数应能保持混凝土处于湿润状态，混凝土养护用水应与拌制用水相同；

采用塑料布覆盖养护的混凝土，其敞露的全部表面应覆盖严密，并应保持塑料布内有凝结水；

混凝土强度达到 1.2 N/mm^2 前，不得在其上踩踏或安装模板及支架。

注：a. 当日平均气温低于 5℃时，不得浇水；

　　b. 当采用其他品种水泥时，混凝土的养护时间应根据所采用水泥的技术性能确定；

　　c. 混凝土表面不便浇水或使用塑料布时，宜涂刷养护剂；

　　d. 对大体积混凝土的养护，应根据气候条件按施工技术方案采取控温措施。

（3）现浇结构外观尺寸偏差检验

1）主控项目

①现浇结构的外观质量不应有严重缺陷。

对已经出现的严重缺陷，应由施工单位提出技术处理方案，并经监理（建设）单位认可后进行处理。对经处理的部位，应重新检查验收。

②现浇结构不应用影响结构性能和使用功能的尺寸偏差。混凝土设备基础不应有影响结构性能和设备安装的尺寸偏差。

对超过尺寸允许偏差且影响结构性能和安装、使用功能的部位，应由施工单位提出技术处理方案，并经监理（建设）单位认可后进行处理。对经处理的部位，应重新检查验收。

2）一般项目

A. 现浇结构的外观质量不宜有一般缺陷。

对已经出现的一般缺陷，应由施工单位按技术处理方案进行处理，并重新按表 2 - 7 检查验收。

表 2 - 7　现浇结构尺寸允许偏差和检验方法

项　目			允许偏差/mm
轴线位置	基础		15
	独立基础		10
	墙、柱、梁		8
	剪力墙		5
垂直度	层高	≤5m	8
		>5m	10
	全高(H)		$H/1000$ 且 ≤30
标高	层高		±10
	全高		±30
截面尺寸			+8，-5

项　目		允许偏差/mm
电梯井	井筒长、宽对定位中心线	+25，0
	井筒全高(H)垂直度	H/1000 且≤30
表面平整度		8
预埋设施 中心线位置	预埋件	10
	预埋螺栓	5
	预埋管	5
预留洞中心线位置		15

注：检查轴线、中心线位置时，应沿纵、横两个方向量测，并取其中的较大值。

(四)成品保护

1.钢筋绑扎

(1)顶板的弯起钢筋、负弯矩钢筋绑好后，应做保护，不准在上面踩踏行走。浇筑混凝土时派钢筋工专门负责修理，保证负弯矩筋位置的正确性。

(2)绑扎钢筋时禁止碰动预埋件及洞口模板。

(3)钢模板内面涂隔离剂时不要污染钢筋。

(4)安装电线管、暖卫管线或其他设施时，不得任意切断和移动钢筋。

2.模板安装

(1)预组拼的模板要有存放场地，场地要平整夯实。模板平放时，要有木方垫架。立放时，要搭设分类模板架，模板触地处要垫木方，以此保证模板不扭曲不变形。不可乱堆乱放或在组拼的模板上堆放分散模板和配件。

(2)工作面已安装完毕的墙模板，不准在吊运其他模板时碰撞，不准在预拼装模板就位前作为临时倚靠，以防止模板变形或产生垂直偏差。工作面已安装完毕的平面模板，不可做临时堆料和作业平台，以保证支架的稳定，防止平面模板标高和平整产生偏差。

(3)拆除模板时，不得用大锤、撬棍硬砸猛撬，以免混凝土的外形和内部受到损伤。

3.混凝土浇筑

(1)要保证钢筋和垫块的位置正确，不得踩楼梯、楼板的弯起钢筋，不碰动预埋件和插筋。在楼板上搭设浇筑混凝土使用的浇筑人行道，保证楼板钢筋的负弯矩钢筋的位置。

(2)不用重物冲击模板，不在梁或楼梯踏步模板上踩，应搭设跳板，保护模板的牢固和严密。

(3)在浇筑混凝土时，要对已经完成的成品进行保护。对浇筑上层混凝土时流下的水泥浆要专人及时清理干净，洒落的混凝土也要随时清理干净。

(4)所有甩出钢筋，在进行混凝土施工时，必须用塑料套管或塑料布加以保护，防止混凝土污染钢筋。

(5)对阳角等易碰坏的地方，应当有防护措施，有专人负责保护。

（五）应注意的质量问题

1. 钢筋绑扎应注意的质量问题

（1）浇筑混凝土前检查钢筋位置是否正确，振捣混凝土时防止碰动钢筋，浇完混凝土后立即修整甩筋的位置，防止柱筋、墙筋位移。

（2）箍筋末端应弯成135°，平直部分长度为10 d。

（3）在钢筋配料加工时要注意，端头有对焊接头时，要避开搭接范围，防止绑扎接头内混入对焊接头。

2. 混凝土浇筑应注意的质量问题

（1）蜂窝：原因是混凝土一次下料过厚，振捣不实或漏振，模板有缝隙使水泥浆流失，钢筋较密而混凝土坍落度过小或石子过大，墙根部模板有缝隙，以致混凝土中的砂浆从下部涌出而造成。

（2）露筋：原因是钢筋垫块位移、间距过大、漏放、钢筋紧贴模板造成露筋，或板底部振捣不实，也可能出现露筋。

（3）麻面：拆模过早或模板表面漏刷隔离剂或模板湿润不够，构件表面混凝土易黏附在模板上造成麻面脱皮，或因混凝土气泡多，振捣不足。

（4）孔洞：原因是钢筋较密的部位混凝土被卡，或因石子偏大，未经振捣就继续浇筑上层混凝土。

（5）缝隙与夹渣层：施工缝处杂物清理不净或未浇底浆等原因，易造成缝隙、夹渣层。

（六）质量记录

（1）水泥的出厂证明及复验证明。

（2）钢筋的出厂证明或合格证以及钢筋试验报告。

（3）混凝土试配申请单和试验室签发的配合比通知单。

（4）钢筋隐蔽验收纪录。

（5）模板验收纪录。

（6）混凝土施工记录。

（7）混凝土试块28 d标养抗压强度试验报告。

（8）混凝土独立基础隐蔽验收纪录。

（9）商品混凝土的出厂合格证。

（七）安全标准

（1）进入现场必须遵守安全生产六大纪律。

（2）搬运钢筋要注意附近有无障碍物、架空电线和其他临时电气设备，防止钢筋在回转时碰撞电线或发生触电事故。

（3）起吊钢筋骨架，下方禁止站人，必须待骨架降到距模板1 m以下才准靠近，就位支撑好方可摘钩。

（4）切割机使用前，须检查机械运转是否正常，有无二级漏电保护；切割机后方不准堆放易燃物品。

（5）车道板单车行走不小于1.4 m宽，双车来回不小于2.8 m宽；在运料时，前后应保持一定车距，不准奔跑、抢道或超车。到终点卸料时，双手应扶牢车柄倒料，严禁双手脱把，防止翻车伤人。

（6）用塔吊、料斗浇捣混凝土，在塔吊放下料斗时，操作人员应主动避让，应随时注意料斗碰头，并应站立稳当，防止料斗碰人坠落。

（7）使用振动机前应检查电源电压，必须经过二级漏电保护，电源线不得有接头，观察机械运转是否正常。振动机移动时，不能硬拉电线，更不能在钢筋和其他锐利物上拖拉，防止割破拉断电线而造成触电伤亡事故。

（八）环保措施

（1）钢筋头及其他下脚料应及时清理，成品堆放要整齐。

（2）严禁用废机油做模板隔离剂，刷隔离剂时避免污染环境。

（3）优先使用商品混凝土，避免环境污染。

模块三　砖基础施工顶岗实习

一、砖基础施工顶岗实习任务

(一)顶岗实习目的

(1)通过参加砖基础工程生产劳动,增强劳动观念,熟悉和适应施工现场环境;

(2)进一步掌握砖基础工程操作技能,领会砖基础工种操作规程和安全技术规程;

(3)掌握砖基础工程的施工程序、方法和质量评定标准及所用施工机械;

(4)掌握砖基础工程的现场管理内容和要求;

(5)进一步领会砖基础工程建筑工程施工图的组成、内容和要求,能看懂实习工程的施工图,提高识图能力。

(二)实习内容

(1)开工前的前期准备工作,三通一平;

(2)熟悉场地环境,场地的平面布置;

(3)学会看工程图纸;

(4)学会使用测量仪器的定位、放线;

(5)了解图纸会审、基础验槽、基础竣工验收的组织方式;

(6)基础圈梁、防潮层、构造柱;

(7)基础保证资料的填写;

(8)学会画基础竣工图。

二、砖基础施工顶岗实习指导

砖基础工程是砖混结构中建筑物、构筑物的主要基础形式,而基础工程的质量对单位工程的施工质量起着重要的作用,基础(砖基础)工程主要有以下内容:勘察设计单位对拟建场地进行地质勘探;设计院根据业主要求进行初步设计与施工图设计;施工单位承接施工项目;基础部分的施工等。砖基础施工主要流程如下:

场地三通一平──→施工单位入场──→项目部的建立──→机械设备入场──→基础测量放线──→基础开挖──→基础验槽──→基础施工──→基础验收──→基础回填。

砖基础工程的施工,除应满足建筑结构的使用功能外,还应符合《建筑工程施工质量统一验收标准》、《建筑地基基础工程施工质量验收规范》及其他相关规范、规程的规定。

(一)开工前准备工作

1.图纸审查的主要内容

(1)设计文件是否齐全,图签栏签字是否完善。

(2)构件的几何尺寸是否标注齐全,相关构件的尺寸是否正确。

(3)设计内容是否符合规范要求,是否有违反强制性条文的内容。

(4)设计变更。

2．基础图纸会审的内容

基础图纸会审由业主单位组织，施工单位、监理单位、设计单位、质量监督单位对图纸中存在的问题进行现场解答，或者对图纸修改提出合理化的建议，参与人员必须进行签到，并把答疑内容整理形成图纸会审文件，并由到会人员签字确认相关内容得到参与各方共同确认，作为保存资料。

3．场地布置的内容

（1）场地的三通一平，即路通、水通、电通、场地平整。

（2）管理用房、生活用房、道路的布置、吊装机械的布置等。

（3）项目部的建立，宣传标语的张帖。

（二）测量放线

（1）按设计蓝图要求对承建项目在规划部门参与下对基础部分进行现场放线，放线的目的是为了保证承建项目与设计要求相符与城市规划要求相符。

（2）基础放线所用的仪器主要有水准仪、全站仪等。

（3）水准仪是工地使用比较多的测量仪器，其操作步骤主要有：支三脚架——固定水准仪在支架上——对正控制点——调平——测量。在工地熟练操作水准仪的使用方法，写出其操作步骤，并在工地上操作验证其合理性。

（4）用经过调整好的水平仪器按施工图纸的基础图进行承建项目的现场放线，并在放线过程标记各点。

（三）基坑（槽）开挖

（1）基础开挖分为人工开挖与机械开挖。人工开挖劳动强度大，施工进度慢，主要是对场地简单、较小的基础项目进行的；机械开挖生产效率高，施工强度低，主要对大、中型基础工程，同时机械开挖之后，要采用人工对基坑（槽）底进行修平，使其满足设计及地基施工规范要求。请你了解你所在工地的主要机械设备，并现场观察其开挖路线。

（2）基坑（槽）开挖过程中开挖超过一定深度时要对基坑进行放坡，土方边坡的大小主要与土质、开挖深度、开挖方法、边坡留置时间的长短、边坡附近的各种荷载状况及排水情况有关。具体的放坡大小可查阅表 1-2。

（3）余土的堆放与外运：余土是基础开挖过程中除基础回填之后的多余土量；余土量的多少可以根据基坑（槽）大小及土的松散系数计算出来；余土的位置与高度是保证基坑（槽）边坡稳定的重要参数，其离基坑边的距离与土质、开挖深度、开挖方法、边坡留置时间的长短、边坡附近的各种荷载状况及排水情况，应通过计算及当地工程经验来确定。请你计算你所在工地的基坑（槽）土方量是多少，外运多少，回填多少？

（4）基坑（槽）开挖过程中可能有地下水，要进行排水及降低地下水位。其主要排水方法有：

1）明沟排水[即基坑（槽）开挖时，采用截、疏、抽的方法来进行排水]。开挖时，沿坑底周围或中央开挖排水沟，再在沟底设集水井，使基坑内的水经排水沟流向集水井然后用水泵抽走。

2）人工降低地下水位[即基坑（槽）开挖前，预先在基坑四周埋设一定数量的滤水管（井），利用抽水设备从中抽水，使地下水位降落在坑底以下，直至施工结束为止]。其主要方法有：轻型井点、喷射井点、电渗井点、管井井点及深水泵等。其降水方法的选择要根据渗透系数、降低水位的深度、工程特点、设备及经济技术比较来定,其选取方法可查阅《建筑施工技术》教材有关土方工程的内容。

(5)用机械开挖基坑(槽)挖至设计的持力层时要留出一定的厚度,并用人工修理平整,做基础垫层之前要防止基坑(槽)被水泡。

(6)基坑(槽)开挖过程中遇高低基坑时要对基坑高低位置进行处理,一般情况是放级过渡按高:长 = 500:1000 进行,并在交接面处基坑要垂直。

(7)基础验槽

1)验槽是建筑物或构筑物,施工第一阶段基槽开挖后的重要工序,也是一般岩土工程勘察工作中最后的一个重要的环节。

A.验槽的目的:

①检验勘察成果是否符合实际;

②解决遗留和新发现的问题。

B.验槽的内容:

①校核基槽开挖的平面位置与槽底标高是否符合勘察、设计要求。

②检验槽底持力层土质与勘察报告是否相同;参与验槽的各方负责人需下到槽底,依逐段检验,发现可疑之处,用铁铲铲出新鲜土面,用野外土的鉴别方法进行鉴定。

③当发现基槽平面土质显著不均匀,或局部存在古井、菜窖、坟穴、河沟等不良地基时,可用铁钎查明其范围与深度。

④检查基槽钎探结果。钎探位置:条形基槽宽度小于 80 cm 时,可沿中心线打一排钎探孔;槽宽大于 80 cm,可打两排错开孔,钎探孔间距为 1.5 ~ 2.5 m。深度每 30 cm 为一组,通常为 5 组,1.5 m 深。

C.验槽注意事项:

①验槽前应全面完成合格钎探,提供验槽的定量数据。

②验槽时间要抓紧,基槽挖好后突击钎探,立即组织验槽,尤其夏季要避免下雨泡槽,冬季要防冰冻,不可拖延时间形成隐患。

③槽底设计标高若位于地下水位以下较深时,必须做好基槽排水,保证槽底不泡水。如槽底标高在地下水不深时,可先挖至地下水现验槽,验完槽快挖快填,做好垫层与基础。

④验槽时应验看新鲜土面,清除超挖回填的虚土。冬季冻结的表土似很坚硬,夏季日晒后干土也很坚实,都是虚假状态,应用铁铲铲去面层再检验。

⑤验槽结果应填写验槽记录并由参加的验槽各方负责人签字作为施工处理的依据,验槽记录存档长期保存。若工程发生事故,验槽记录是分析事故原因的线索。

2)基坑(槽)验槽由业主单位组织,施工单位、建设单位、监理单位、设计单位、勘察单位、建设行政主管部门的专业技术负责人员参加,对基坑(槽)进行必要的现场试验与肉眼观测,共同对基坑(槽)进行综合评定,评定合格之后才允许进入下道工序的施工,并写好验槽记录并整理资料。

3)当验槽不合格时要对基础进行必要的加固补强,处理合格之后经以上六家单位重新验收,验收合格之后进入下道工序。请你根据你所在工地情况写出重新验收过程中的验收内容。

（四）基础施工

（1）基础垫层的厚度一般是 100 mm 厚，垫层混凝土强度等级为 C15。

（2）在基础垫层上进行弹线，找出砖基础的中心线，并反复核对其中线之间的距离是否与图纸相符。请你在你所在工地进行现场操作。

（3）砖基础砌筑工艺

1）砌筑形式：a.一顺一丁；b.三顺一丁；c.梅花丁；d.二平一侧；e.全顺式；

2）砌筑工艺：a.抄平放线；b.摆砖；c.立皮数杆；d.盘角、挂线；e.砌筑、勾缝

（4）砖基础施工要点

1）砌筑前，应将地基表面的浮土及垃圾清除干净。

2）基础施工前，应在主要轴线部位设置引桩，以控制基础、墙身的轴线位置，并从中引出墙身轴线，而后向两边放出大放脚的底边线。在地基转角、交接及高低踏步处预先立好基础皮数杆。

3）砌筑时，可依皮数杆先在转角及交接处砌几皮砖，然后在其间拉准线砌中间部分。内外墙砖基础应同时砌筑，如不能同时砌筑时应留置斜槎，斜槎长度不应小于斜槎高度。

4）基础底标高不同时，应从低处砌起，并由高处向低处搭接。如设计无要求，搭接长度不应小于大放脚的高度。

5）大放脚部分一般采用一顺一丁砌筑形式。水平灰缝及竖向灰缝的宽度应控制在 10 mm 左右，水平灰缝的砂浆饱满度不得小于 80%，竖缝要错开，要注意丁字及十字接头处砖块的搭接，在这些交接处，纵横墙要隔皮砌通。大放脚的最下一皮及每层的最上一皮应以丁砌为主。

6）基础砌完验收合格后，应及时回填。回填土要在基础两侧同时进行，并分层夯实。

（五）砖、砌块的强度等级

1.实心砖

（1）烧结普通砖

目前我国生产的标准实心烧结黏土砖规格为 240 mm × 115 mm × 53 mm。

（2）实心硅酸盐砖

2.空心砖

在砖中竖向设置较多小孔或若干个大孔，孔洞率大于 15% 以上的砖。

空心砖可分为多孔空心砖与大孔空心砖。

空心砖具有的优点为：可减轻结构的自重；由于砖厚较大，可节约砌筑砂浆或减少工时；可减少黏土用量及燃料的用量。

块体的强度等级符号以"MU"表示，单位是 MPa（N/mm^2）。烧结普通砖，非烧结硅酸盐砖和承重黏土空心砖的等级划分为：MU30、MU25、MU20、MU15、MU10 和 MU7.5。

（六）砌筑砂浆的技术要求

1.流动性（稠度）

砂浆拌合物的流动性，又称砂浆的稠度，系指砂浆拌合物在自重或外力作用下产生流动的性质。新拌砂浆应具有适宜的流动性，以便在砖石上铺成均匀的薄层，或较好地填充块料缝隙。砂浆拌合物的流动性，常用砂浆稠度仪测定。稠度的大小，以标准圆锥体在砂浆中沉入的深度来表示。沉入值越大，砂浆的流动性也越大。

砂浆的稠度，应根据砌体材料的品种、具体的施工方法以及施工时的气候条件等进行选择。当砌体材料为粗糙多孔且吸水较大的块料时，应采用较大稠度值的砂浆；反之，若是密实、吸水率小的材料，则宜选用稠度值偏小的砂浆。同样一种砌体材料，在不同的气候条件下施工，所用砂浆的稠度值也有差异。在干热条件下所选用的稠度值应偏大，湿冷条件下所选用的稠度值应偏小。

2. 砂浆的保水性

指砂浆保全拌合水，不致因析水而造成离析的能力。为保证砌体的质量，新拌制的砂浆在运输、存放及使用过程中，应保持其中的水分不致很快流失。保水性差的砂浆，在使用中易引起泌水、分层、离析等现象，致使砂浆与砌体材料间不能牢固黏结。砂浆中拌合水的流失，使砂浆的流动性降低，从而难以铺成均匀的砂浆层，造成砌体传力不均。为改善砂浆的保水性，可加入无机塑化剂如石灰膏、黏土膏、粉煤灰及有机塑化剂或微末剂等。

砂浆拌合物保水性指标，以分层度表示。分层度值越大，表明砂浆的分层、离析现象越严重，保水性越差。分层度接近于零的砂浆，具有很好的保水性，但由于这种砂浆中或是胶凝材料用量过多，或是使用的沙过细，故往往使砂浆的干缩性增大，尤其不宜用作抹灰砂浆。

3. 强度

硬化后砂浆的强度，必须满足设计要求才能保证砌体的强度。砂浆强度等级是以边长为 7.07 cm 的立方体试块，按标准条件 [在 (20 ± 2) ℃温度、相对湿度为 90% 以上的条件下养护至 28 d] 的抗压强度值确定。砌筑砂浆按抗压强度划分为 M20、M15、M10、M7.5、M5.0、M2.5 六个强度等级。砂浆的强度除受砂浆本身的组成材料及配比影响外，还与基层的吸水性能有关。

砂浆试块应在搅拌机出料口随机取样、制作。一组试块应在同一盘砂浆中取样制作。同盘砂浆只能制作一组试样。

砂浆的抽样频率应符合下列规定：每一检验批且不超过 250 m^3 砌体的各种类型及强度等级的砌筑砂浆，每台搅拌机应至少抽检一次。

影响砂浆强度的因素很多，如水泥的强度等级及用量、水灰比、骨料状况、外加剂的品种和数量、混合料的拌制状况、施工及硬化时的条件等。

4. 黏结力

砌筑砂浆必须具有足够的黏结力，才可使块状材料胶结为一个整体。其黏结力的大小，将影响砌体的抗剪强度、耐久性、稳定性及抗震能力等，因此对砂浆的黏结力也有一定的要求。

砂浆的黏结力与砂浆强度有关。通常，砂浆的强度越高，其黏结力越大；低强度砂浆，因加入的掺合料过多，其内部易收缩，使砂浆与底层材料的黏结力减弱。砂浆的黏结力还与砂浆本身的抗拉强度、砌筑底面的潮湿程度、砖石表面的清洁程度及施工养护条件等因素有关。所以施工中注意砌砖前浇水湿润，保持砖表面不沾泥土，可以提高砂浆和砌筑材料之间的黏结力，保证砌体质量。

（七）基础圈梁、构造柱、防潮层

1. 圈梁

(1)砌体结构房屋中，在建筑物外墙四角和全部或部分纵横内墙上，沿水平方向设置的连续、封闭的现浇钢筋混凝土梁，称之为圈梁。位于屋面梁、板下的圈梁称为檐口圈梁，其他各层门窗洞口或楼面梁称为腰梁，在 ±0.000 标高以下基础墙中设置的圈梁，称为地圈梁。

（2）在房屋的墙体中设置圈梁，可增强砌体结构房屋空间的整体性。

（3）基础圈梁可有效防止建在软弱地基或承载力不均匀地基上的砌体房屋引起的不均匀沉降。

（4）基础圈梁截面尺寸，宽同墙宽，高一般情况为 180、240、370 等，纵向主筋 4 根 12 mm，箍筋直径为 6 mm 间距为 200 mm。

2. 构造柱

（1）在多层砌体房屋墙体的规定部位，按构造配筋，并按先砌墙后浇灌混凝土柱的施工顺序制成的混凝土柱，通常称为混凝土构造柱，简称构造柱；构造柱锚固在基础圈梁内。

①构造柱，主要不是承担竖向荷载的，而是抗击剪力、抗震等横向荷载的作用。

②构造柱通常设置在楼梯间的休息四角处、纵横墙交接处、墙的转角处，墙长达到 5 m 的中间部位要设构造柱。近年来为提高砌体结构的承载能力或稳定性而又不增大截面尺寸，墙中的构造柱已不仅仅设置在房屋墙体转角、边缘部位，而按需要设置在墙体的中间部位，圈梁必须设置成封闭状。

③从施工角度讲，构造柱要与圈梁、基础梁整体浇筑。与砖墙体要在结构工程有水平拉接筋连接。如果构造柱在建筑物、构筑物中间位置，要与分布筋做连接。

（2）构造柱设置原则

1）应根据砌体结构体系设置

砌体类型结构或构件的受力或稳定要求，以及其他功能或构造要求，在墙体中的规定部位设置现浇混凝土构造柱。

2）对于大开间、荷载较大或层高较高以及层数大于等于八层的砌体结构房屋宜按下列要求设置构造柱：

①墙体的两端。

②较大洞口的两侧。

③房屋纵横墙交界处。

④构造柱的间距，当按组合墙考虑构造柱受力时，或考虑构造柱提高墙体的稳定性时，其间距不宜大于 4 m，其他情况不宜大于墙高的 1.5～2 倍及 6 m，或按有关的规范执行。

⑤构造柱应与圈梁有可靠的连接。

3）下列情况宜设构造柱：

①受力或稳定性不足的小墙垛。

②跨度较大的梁下墙体的厚度受限制时，于梁下设置。

③墙体的高厚比较大如自承重墙或风荷载较大时，可在墙的适当部位设置构造柱，以形成带壁柱的墙体满足高厚比和承载力的要求，此时构造柱的间距不宜大于 4 m，构造柱沿高度横向支点的距离与构造柱截面宽度之比不宜大于 30，构造柱的配筋应满足水平受力的要求。

3. 防潮层

处在室内地坪以下的砌体基础，由于材料的不同，所采取的保护措施也不同。设置防潮层主要目的是提高砌体的耐久性，预防或延缓冻害，以及减轻地下水中有害物质对砌体的侵蚀；另外，基础防潮层对于防止地下水沿砌体向地面上渗透有阻断作用。

基础防潮层的做法：

砌体基础一般在 −0.06 m 处设置 20 mm 厚 1:2 防水砂浆做成的水平防潮层。这个位置的确定是基于标准砖的规格，现在的新型材料很多，一般认为只要设置在地下接近于室内地面的位置即可。

只在砌体的水平面设置防潮层是不能有效阻断地下水向上渗透，因为基础墙的内外表面仍然可以为地下水向地面上渗透提供通路。因此，在砌体基础的两侧抹灰也应该是"防水砂浆"。

(八)质量记录、基础竣工图

1.本工艺标准应具备以下质量记录

(1)材料(砖、水泥、砂、钢筋等)的出厂合格证及复试报告。

(2)混凝土、砂浆试块试验报告。

(3)分项工程质量检验评定。

(4)隐检、预检记录。

(5)冬期施工记录。

(6)设计变更及洽商记录。

(7)其他技术文件。

2.基础竣工图

(1)竣工图就是在施工图的基础上，把所有设计变更的内容加上去，也就是说包括所有的施工内容都要在图纸上反映。

(2)请完成所在单位的基础竣工图。

模块四 桩基础施工顶岗实习

一、桩基础施工顶岗实习任务

(一)顶岗实习目的

(1)通过参加桩基础工程生产劳动,增强劳动观念,熟悉和适应施工现场环境;

(2)进一步掌握桩基础工种操作技能,领会桩基础工种操作规程和安全技术规程;

(3)掌握桩基础工程的施工程序、方法和质量评定标准及所用施工机具;

(4)掌握桩基础工程的现场管理的内容和要求;

(5)进一步领会桩基础工程建筑工程施工图的组成、内容和要求,能看懂实习工程的施工图,提高识图能力。

(二)实习内容

(1)开工前的前期准备工作,三通一平;

(2)熟习场地环境,场地的平面布置;

(3)学会看工程图纸;

(4)学会使用测量仪器进行定位、放线;

(5)了解图纸会审、桩承载力的检测方法,桩基竣工验收的组织方式;

(6)桩身、承台、承台梁的配筋及构造要求;

(7)基础保存资料的填写;

(8)学会画桩基竣工图。

二、桩基础施工顶岗实习指导

桩基础由基桩和连接于桩顶的承台共同组成。若桩身全部埋于土中,承台底面与土体接触,则称为低承台桩基;若桩身上部露出地面而承台底位于地面以上,则称为高承台桩基。

建筑桩基通常为低承台桩基础。高层建筑中,桩基础应用广泛。

桩基础的特点:

(1)桩支承于坚硬的(基岩、密实的卵砾石层)或较硬的(硬塑黏性土、中密砂等)持力层,具有很高的竖向单桩承载力或群桩承载力,足以承担高层建筑的全部竖向荷载(包括偏心荷载)。

(2)桩基具有很大的竖向单桩刚度(端承桩)或群桩刚度(摩擦桩),在自重或相邻荷载影响下,不产生过大的不均匀沉降,并确保建筑物的倾斜不超过允许范围。

(3)凭借巨大的单桩侧向刚度(大直径桩)或群桩基础的侧向刚度及其整体抗倾覆能力,抵御由于风和地震引起的水平荷载与力矩荷载,保证高层建筑的抗倾覆稳定性。

(4)桩身穿过可液化土层而支承于稳定的坚实土层或嵌固于基岩,在地震造成浅部土层液化与震陷的情况下,桩基凭靠深部稳固土层仍具有足够的抗压与抗拔承载力,从而确保高层建筑的稳定,且不产生过大的沉陷与倾斜。常用的桩型主要有预制钢筋混凝土桩、预应力钢筋混凝土桩、钻(冲)孔灌注桩和人工挖孔灌注桩。

　　桩基础工程的施工，除应满足建筑结构的使用功能外，还应符合《建筑工程施工质量统一验收标准》、《建筑地基基础工程施工质量验收规范》及其他相关规范、规程的规定。

(一)开工前准备工作

1.图纸审查的主要内容

(1)设计文件是否齐全，图签栏签字是否完善。

(2)构件的几何尺寸是否标注齐全，相关构件的尺寸是否正确。

(3)设计内容是否符合规范要求，是否有违反强制性条文的内容。

(3)设计变更。

2.基础图纸会审

　　基础图纸会审由业主单位组织，施工单位、监理单位、设计单位、质量监督单位对图纸中存在的问题进行现场解答，或者对图纸修改提出合理化的建议，参与人员必须进行签到，并把答疑内容整理形成图纸会审文件，并由到会人员签字确认相关内容得到参与各方共同确认，作为存档资料。

3.场地布置的内容

(1)场地的三通一平，即路通、水通、电通、场地平整。

(2)管理用房、生活用房、道路的布置、吊装机械的布置等。

(3)项目部的建立，宣传标语的张帖。

(二)测量放线

(1)按设计蓝图要求对承建项目在规划部门参与下对基础部分进行现场放线，放线的目的是为了保证承建项目与设计要求相符与城市规划要求相符。

(2)基础放线所用的仪器主要有水准仪、全站仪等。

(3)水平仪是工地使用比较多的测量仪器，其操作步骤主要有：支三脚架——固定水准仪在支架上——对正控制点——调平——测量。请你在工地熟练操作水准仪的使用方法，写出其操作步骤，并在工地上操作验证其合理性。

(4)用经过调整好的水准仪器按施工图的基础图进行承建项目的现场放线，并在放线过程标记各点。

(三)桩的种类

1.按承载性质分

(1)摩擦型桩

摩擦型桩又可分为摩擦桩和端承摩擦桩。

(2)端承型桩

端承型桩又可分为端承桩和摩擦端承桩。

2.按桩的使用功能分

竖向抗压桩、竖向抗拔桩、水平受荷载桩、复合受荷载桩。

3.按桩身材料分

混凝土桩、钢桩、组合材料桩。

4.按成桩方法分

非挤土桩、部分挤土桩、挤土桩。

5.按桩制作工艺分

预制桩和现场灌注桩，现在使用较多的是现场灌注桩。

（四）压桩工艺方法

1.施工程序

测量定位──桩机就位──吊桩插桩──桩身对中调直──静压沉桩──接桩──再静压沉桩──终止压桩──切割桩头。

2.压桩方法

用起重机将预制桩吊起或用汽车运至桩机附近，再利用桩机自身设置的起重机将其吊入夹持器中，夹持油缸将桩从侧面夹紧，压桩油缸作伸程动作，把桩压入土层中。

3.桩拼接的方法

（1）浆锚接头。它是用硫磺水泥或环氧树脂配置成的黏结剂，把上段桩的预留插筋黏结于下段桩的预留孔内。

（2）焊接接头。在每段桩的端部预埋角钢或钢板，施工时将上下段桩身相接触，用扁钢贴焊连成整体。

4.压桩施工要点

（1）压桩应连续进行，因故停歇时间不宜过长，否则压桩力将大幅度增长而导致桩压不下去或桩机被抬起。

（2）压桩的终压控制很重要。一般对纯摩擦桩，终压时以设计桩长为控制条件；对长度大于21 m的端承摩擦型静压桩，应以设计桩长控制为主，终压力值作对照；对一些设计承载力较高的桩基，终压力值宜尽量接近压桩机满载值；对长14～21 m静压桩，应以终压力达满载值为终压控制条件；对桩周土质较差且涉及承载力较高的，宜复压1～2次为佳，对长度小于14 m的桩，宜连续多次复压，特别对长度小于8 m的短桩，连续复压的次数应适当增加。

（3）静力压桩单桩竖向承载力，可通过桩的终止压力值大致判断。

（五）钻孔灌注桩

1.泥浆护壁成孔灌注桩

（1）了解机械设备性能，请查阅相关机械设备说明书。

（2）施工方法

1）钻机钻孔前，应做好场地平整，挖设排水沟，设泥浆池制备泥浆，做试桩成孔，设置桩基轴线定位点和水准点，放线定桩位及其复核等施工准备工作；

2）钻孔深度达到设计要求后，必须进行清孔；

3）清孔完毕后，应立即吊放钢筋笼和浇筑水下混凝土。

（3）质量要求

1）护筒中心与桩中心偏差不大于50 mm，其埋深在黏土中不小于1 m，在砂土中不小于1.5 m。

2）泥浆密度在黏土和亚黏土中应控制在1.1～1.2，在较厚夹砂层中应控制在1.1～1.3，在穿过砂卵石层或易于坍孔的土层中泥浆密度应控制在1.3～1.5。

3）孔底沉渣，必须设法清除，要求端承桩沉渣厚度不得大于50 mm，摩擦桩沉渣厚度不得大于150 mm。

4）水下浇混凝土应连续施工，孔内泥浆用潜水泵回收贮到浆槽里沉淀，导管应始终埋入混凝土中0.8~1.3 m。

2. 干作业成孔灌注桩

（1）了解机械设备性能，请查阅相关机械设备说明书。

主要有螺旋钻机，钻孔扩机、机动或人工洛阳铲等。

（2）施工方法

1）钻机钻孔前，应做好现场准备工作。

2）钻孔至要求深度后，可用钻机在原处空转清土，然后停止回转，提升钻杆卸土。如孔底虚土超过容许厚度，可用辅助掏土工具或二次投钻清底。

3）桩孔钻成并清孔后，先吊放钢筋笼，后浇筑混凝土。

（3）质量要求

1）垂直度容许偏差1%。

2）孔底虚土容许厚度不大于100 mm。

3）桩位允许偏差：单桩、条形桩基沿垂直轴线方向和群桩基础边沿的偏差是1/6桩径；条形桩基沿顺轴方向和群桩基础中间桩的偏差为1/4桩径。

（六）沉管灌注桩

1. 锤击沉管灌注桩

（1）了解机械设备性能，请查阅相关机械设备说明书。

（2）施工方法

施工时，先将桩机就位，吊起桩管，垂直套入预先埋好的预制混凝土桩尖，压入土中。桩管与桩尖接触处应垫以稻草绳或麻绳垫圈，以防地下水渗入管内。当检查管桩与桩锤、桩架等在同一垂直线上，即可在桩管上扣上桩帽，起锤沉管。先用低锤轻击，观察无偏移后方可进入正常施工，直至符合设计要求深度，并检查管内有无泥浆或水进入，即可灌注混凝土。桩管内混凝土应尽量灌满，然后开始拔管。

（3）质量要求

1）锤击沉管灌注桩混凝土强度等级应不低于C20；混凝土坍落度，在有筋时宜为80~100 mm，无筋时宜为60~80 mm；碎石粒径，有筋时不大于25 mm，无筋时不大于40 mm；桩尖混凝土强度等级不得低于C30。

2）当桩的中心距为桩管外径的5倍以内或小于2 m时，均应跳打，中间空出的桩须待邻桩混凝土达到设计强度的50%以后，方可施打。

3）桩位允许偏差：群桩不大于0.5 d，对于两个桩组成的基础，在两个桩的连线方向上偏差不大于0.5 d，垂直此线的方向上则不大于1/6 d；墙基由单桩支承的，平行墙的方向偏差不大于0.5 d，垂直墙的方向不大于1/6 d。

2. 振动沉管灌注桩

（1）了解机械设备性能，请查阅相关机械设备说明书。

（2）施工方法

施工时，先安装好桩机，将桩管下端活瓣合起来，对准桩位，徐徐放下桩管，压入土中，勿使偏斜，即可开动激振器沉管。当桩管下沉到设计要求的深度后，便停止振动，立即利用吊斗向管内灌满混凝土，并再次开动激振器，进行边振动边拔管，同时在拔管过程中继续向管内浇筑混凝土。如此反复进行，直至桩管全部拔出地面后即形成混凝土桩身。

（3）质量要求：

同锤击沉管灌注桩质量要求。

（七）人工工挖孔桩

人工挖孔灌注桩是指桩孔采用人工挖掘方法进行成孔，然后安放钢筋笼，浇筑混凝土而成的桩。其施工特点是设备简单；无噪声、无振动、不污染环境、对施工现场周围原有建筑物的影响小；施工速度快，可按施工进度要求决定同时开挖桩孔的数量，必要时，各桩孔可同时施工；土层情况明确，可直接观察到地质变化，桩底沉渣能清除干净，施工质量可靠。

1．了解机械设备性能，请查阅相关机械设备说明书

一般可根据孔径、孔深和现场具体情况加以选用，常用的有：电动葫芦、提土桶、潜水泵、鼓风机和输风管、镐、锹、土筐、照明灯、对讲机及电铃等。

2．施工方法

施工时，为确保挖土成孔施工安全，必须考虑预防孔壁坍塌和流砂现象发生的措施。

（1）按设计图纸放线、定桩位。

（2）开挖桩孔土方。

（3）支设护壁模板。

（4）放置操作平台。

（5）浇筑护壁混凝土。

（6）拆除模板继续下段施工。

（7）排出孔底积水，浇筑桩身混凝土。

3．质量要求

（1）必须保证桩孔的挖掘质量。

（2）按规程规定桩孔中心线的平面位置偏差不大于 20 mm，桩的垂直度偏差不大于1%桩长，桩径不得小于设计直径。

（3）钢筋骨架要保证不变形，箍筋与主筋要点焊，钢筋笼吊入孔内后，要保证其与孔壁间有足够的保护层。

（4）混凝土坍落度宜在 100 mm 左右，用浇灌漏斗桶直落，避免离析，必须振捣密实。

4．安全措施

（1）孔下操作人员必须戴安全帽。

（2）孔下有人时孔口必须有监护人员。

（3）护壁要高出地面 150～200 mm，以防杂物滚入孔内。

（4）孔内必须设置施工软爬梯供人员上下井。

（5）使用的电葫芦、吊笼等应安全可靠并配有自动卡紧保险装置，使用前必须检验其安全起吊能力。不得使用麻绳和尼龙绳吊挂或脚踏井壁凸缘上下。

（6）每日开工前必须检测井下的有毒有害气体，并应有足够的安全防护措施。

（7）桩孔开挖深度超过 10 m 时，应有专门向井下送风的设备。

（8）孔口四周必须设备护栏。

（9）挖出的土石方应及时运离孔口，不得堆放在孔口四周 1 m 范围内。

（10）机动车辆的通行不得对井壁的安全造成影响。

（八）桩基验收

1．桩基验收规定

（1）当桩顶设计标高与施工现场标高相同时，或桩基施工结束后，应对桩进行检查，桩基工程的验收应在施工结束后进行。

（2）当桩顶设计标高低于施工场地标高，送桩后无法对桩位进行检查时，对打入桩可在每根桩桩顶沉至场地标高时，进行中间验收，待全部桩施工结束，承台或底板开挖到设计标高后，再做最终验收；对灌注桩可对护筒位置做中间验收。

2．桩基验收资料

（1）工程地质勘察报告、桩基施工图、图纸会审纪要、设计变更及材料代用通知单等。

（2）经审定的施工组织设计、施工方案及执行中的变更情况。

（3）桩位测量放线图、包括工程桩位复核签证单。

（4）制作桩的材料试验记录，成桩质量检查报告。

（5）单桩承载力检测报告。

（6）基坑挖至设计标高的基桩竣工平面图及桩顶标高图。

（九）桩基工程的安全技术措施

（1）机具进场要注意危桥、陡坡、陷地，并防止碰撞电杆、房屋等，以免造成事故。

（2）施工前应全面检查机械，发现问题要及时解决，严禁带病作业。

（3）在打桩过程中遇有地坪隆起或下陷时，应随时对机架及路轨调整垫平。

（4）机械司机，在施工操作时要思想集中，服从指挥信号，不得随便离开岗位，并经常注意机械运转情况，发现异常情况要及时纠正。

（5）悬挂振动桩锤的起重机，其吊钩上必须有防松脱的保护装置。振动桩锤悬挂钢架的耳环上应加装保险钢丝绳。

（6）钻孔灌注桩在已钻成的孔尚未浇注混凝土前，必须用盖板封严；钢管桩打桩后必须及时加盖临时桩帽；预制混凝土桩送桩入土后的桩孔必须及时用砂子或其他材料填灌，以免发生人身事故。

（7）冲击锤或冲孔锤操作时不准任何人进入落锤区施工范围内，以防砸伤。

（8）成孔钻机操作时，注意钻机安定平稳，以防止钻架突然倾倒或钻具突然下落而发生事故。

（9）压桩时，非工作人员应离机10 m以外，起重机的起重臂下严禁站人。

（10）夯锤下落后，在吊钩尚未降至夯锤吊环附近前，操作人员不得提前下坑挂钩。从坑中提锤时，严禁挂钩人员站在锤上随锤提升。

（十）质量记录、基础竣工图

1．本工艺标准应具备以下质量记录

（1）材料（水泥、砂、钢筋等）的出厂合格证及复试报告。

（2）混凝土试块试验报告。

（3）分项工程质量检验评定。

（4）隐检、预检记录。

(5)冬期施工记录。

(6)设计变更及洽商记录。

(7)其他技术文件。

2.基础竣工图

(1)竣工图就是在施工图的基础上，把所有设计变更的内容加上去，也就是说包括所有的施工内容都要在图纸上反映出来。

(2)请你完成你所在单位的基础竣工图。

模块五 框架结构施工顶岗实习

一、框架结构施工顶岗实习任务

(一)顶岗实习目的

(1)通过参加框架结构工程生产劳动,增强劳动观念,熟悉和适应施工现场环境;

(2)进一步掌握框架结构工种操作技能,领会砖基础工种操作规程和安全技术规程;

(3)掌握框架结构工程的施工程序、方法和质量评定标准及所用施工机具;

(4)掌握框架结构工程的现场管理的内容和要求;

(5)进一步领会框架结构工程建筑工程施工图的组成、内容和要求,能看懂实习工程的施工图,提高识图能力。

(二)实习内容

(1)学会看工程图纸;

(2)熟习梁、板、柱的平法施工图表示方法;

(3)学会使用测量仪器对梁、柱进行定位,楼层层高的确定;

(4)了解模板工程、脚手架工程搭设,特种作业;

(5)钢筋验收、钢筋的连接、质量管理;

(6)混凝土的制备、机械设备、运输、浇筑、检验与评定等;

(7)主体结构保证资料的填写。

二、框架结构施工顶岗实习指导

房屋的框架按跨数分有单跨、多跨;按层数分有单层、多层;按立面构成分有对称、不对称;按所用材料分有钢框架、混凝土框架、胶合木结构框架或钢与钢筋混凝土混合框架等。其中最常用的是混凝土框架(现浇整体式、装配式、装配整体式,也可根据需要施加预应力,主要是对梁或板)、钢框架。装配式、装配整体式混凝土框架和钢框架适合大规模工业化施工,效率较高,工程质量较好。

框架结构体系的缺点为:框架节点应力集中显著;框架结构的侧向刚度小,属柔性结构,在强烈地震作用下,结构所产生的水平位移较大,易造成严重的非结构性破性;钢材和水泥用量较大,构件的总数量多,吊装次数多,接头工作量大,工序多,浪费人力,施工受季节、环境影响较大;不适宜建造高层建筑,框架是由梁柱构成的杆系结构,其承载力和刚度都较低,特别是水平方向的(即使可以考虑现浇楼面与梁共同工作以提高楼面水平刚度,但也是有限的),它的受力特点类似于竖向悬臂剪切梁,其总体水平位移上大下小,但相对于各楼层而言,层间变形上小下大,设计时如何提高框架的抗侧刚度及控制好结构侧移为重要问题。对于钢筋混凝土框架,当高度大、层数相当多时,结构底部各层不但柱的轴力很大,而且梁和柱由水平荷载所产生的弯矩和整体的侧移亦显著增加,从而导致截面尺寸和配筋增大,对建筑平面布置和空间处理,就可能带来困难,影响建筑空间的合理使用,在材料消耗和造价方面,也趋于不合理,故一般适用于建造不超过 15 层的房屋。

钢筋混凝土框架结构是基础完工之后地上部分构筑物，主要可分为模板工程、钢筋工程、混凝土工程、钢筋混凝土预制构件等几部分，除满足主体工程的施工、满足建筑结构的使用功能外，还应符合《建筑工程施工质量统一验收标准》、《混凝土结构工程施工质量验收规范》及其他相关规范、规程的规定。

（一）模板工程

模板操作及施工时注意的安全问题：

（1）模板和钢管一定要按设计上的型号配置，当型号改变时，一定要通知技术负责人，经过审批后方可进行模板的搭设。

（2）模板系统一定要按计算书上的间距安装，不经技术负责人审批不得随意改变。

（3）模板安装时一定要注意各个节点的连接牢固和拼缝的严密，特别是支撑与模板的连接点，一旦出现连接不牢的问题，后果将不堪设想。

（4）模板的拆除应遵循自上而下先拆侧向支撑后拆垂直支撑，先拆不承重结构后拆承重结构的原则。

（5）柱模应自上而下、分层拆除。拆除第一层时，用木锤或带橡皮垫的锤向外侧轻击模板上口，使之松动，脱离柱混凝土。依次拆下一层模板时，要轻击模边肋，切不可用撬棍从柱角撬离。

（6）梁模板的拆除应先拆支架的拉杆以便作业，而后拆除梁与楼板的连接角模及梁侧模板。拆除梁模大致与柱模相同，但拆除梁底模支柱时应从跨中、向两端作业。

（7）模板支撑不得使用腐朽、扭裂、劈裂材料。顶撑要垂直，底端平整坚实，并加垫木。木楔要钉牢，并用横杆顺拉和剪刀撑拉牢。

（8）支模应按工序进行，模板没有固定前，不得进行下道工序。禁止利用拉杆、支撑攀登上下。

（9）支设4 m以上的立柱模板。四周必须顶牢。操作时要搭设工作台；不足4 m的，可使用马凳操作；模板作业面的预留洞和临边应进行安全防护，垂直作业应上下用夹板隔离。

（10）支设独立梁模应设临时工作台，不得站在柱模上操作和在梁底模上行走。

（11）拆除模板应经施工技术人员同意。操作时应按顺序分段进行，严禁猛撬、硬砸或大面积撬落和拉倒。完工前，不得留下松动和悬挂的模板。拆下的模板应及时运送到指定地点集中堆放，防止钉子扎脚。模板的堆放高度不得超过2 m。

（12）高处、复杂结构模板拆除，应有专人指挥和切实的安全措施，并在下面标出工作面，严禁非操作人员进入工作区。

（13）拆除模板一般应采用长撬杆，严禁操作人员站在正拆除的模板上。

（14）拆模间隙时，应将已活动的模板、拉杆、支撑等固定牢固，严防突然坠落，倒塌伤人。

（15）模板拆除前必须有混凝土强度报告，强度达到规定要求后方可进行拆模审批。

（二）钢筋工程

1. 钢筋验收

验收内容包括：查对标牌、外观质量检验和力学性能检验。

2. 钢筋加工与安装

（1）钢筋加工

钢筋的加工一般包括：冷拉、调直、除锈、剪切、弯曲、绑扎、连接等。

钢筋冷拉：可采用控制应力或控制冷拉率的方法。

钢筋调直：采用机械方法，直径4～14 mm的钢筋可用调直机进行调直，粗细筋还可用机动锤锤直或板直；当采用冷拉方法调直钢筋时，HPB300级钢筋的冷拉率不宜大于4%，HRB335级、HRB400级和RRB400级钢筋的冷拉率不宜大于1%。

钢筋除锈：可采用钢丝刷或机动钢丝刷，或喷砂除锈，要求较高时还可采用酸洗除锈。

钢筋下料剪断：手动剪切器一般只用于剪切直径小于12 mm的钢筋；钢筋剪切机可剪切直径小于40 mm的钢筋；直径大于40 mm的钢筋则需用锯床锯断或用氧－乙炔焰或电弧割切。

钢筋弯曲：宜采用弯曲机，适用于直径6～40 mm的钢筋弯制。在缺乏机具的情况下，也可在成型台上用手摇板手、卡盘与板头弯制钢筋。

受力钢筋的弯钩和弯折应符合下列规定：

HPB300级钢筋末端应作180°弯钩，其弯弧内直径不应小于钢筋直径的2.5倍，弯钩的弯后平直部分长度不应小于钢筋直径的3倍。

当设计要求钢筋末端作135°弯钩时，HRB335级、HRB400级钢筋的弯弧内直径不应小于钢筋直径的4倍，弯后平直部分长度应符合设计要求。

钢筋作不大于90°的弯折时，弯弧内直径不应小于钢筋直径的5倍。

箍筋末端作弯钩，弯钩形式应符合设计要求；当设计无要求时，应符合下列规定：

箍筋弯钩的弯弧内直径应不小于受力钢筋的直径；

箍筋弯钩的弯折角度：一般结构，不应小于90°，有抗震等要求的结构，应为135°；

箍筋弯后平直部分长度：一般结构，不宜小于箍筋直径的5倍；有抗震要求的结构，不应小于箍筋直径的10倍。

（2）钢筋安装

钢筋安装时现场绑扎应与模板安装相配合，并按规定控制保护层的厚度。

柱钢筋现场绑扎时，一般在模板安装前进行；梁的钢筋一般在梁模安装好后再安装或绑扎；楼板钢筋绑扎应在楼板模板安装后进行。

3. 钢筋连接

连接方法有焊接连接、绑扎连接和机械连接。

（1）焊接连接方法

1）闪光对焊，多用于钢筋接长及预应力筋与螺丝端杆的连接；

2）电弧焊，应用较广，如钢筋的搭接接长、钢筋骨架的焊接、钢筋与钢板的焊接、装配式结构接头的焊接及其他各种钢结构的焊接等；

3）点焊，用来焊接钢筋网或骨架中的交叉钢筋；

4）电渣压力焊，常用于14～40 mm的竖向钢筋接长；

5）气压焊，可进行竖向、水平、斜向等全方位焊接，焊接时两钢筋的直径差不得大于7 mm。

（2）绑扎连接

绑扎连接搭接长度（l_l）应符合规定要求。同一构件中纵向受力钢筋的绑扎搭接接头宜相互错开，接头中钢筋的横向净距不应小于钢筋直径，且不应小于25 mm；接头连接区段的长

度为 $1.3l_i$，凡搭接接头中点位于该连接区段长度内的搭接接头均属于同一连接区段；同一连接区段内纵向钢筋搭接接头面积百分率，应符合设计或规定要求，规定要求如下：

1）对梁类、板类及墙类构件，不宜大于 25%；

2）对柱类构件，不宜大于 50%；

在梁、柱类构件的纵向受力钢筋搭接长度范围内，应按设计或规定要求配置箍筋。规定要求如下：

①箍筋直径不应小于搭接钢筋较大直径的 0.25 倍。

②受拉搭接区段的箍筋间距不应大于搭接钢筋中较小直径的 5 倍，且不应大于 100 mm。

③受压搭接区段的箍筋间距不应大于搭接钢筋中较小直径的 10 倍，且不应大于 200 mm。

④当柱中纵向受力钢筋直径大于 25 mm 时，应在搭接接头两端外 100 mm 范围内各设置两个箍筋，其间距宜为 50 mm。

（3）机械连接

机械连接包括挤压连接、直螺纹连接和锥形螺纹连接。

1）挤压连接

挤压连接分径向挤压连接和轴向挤压连接两种。

2）锥形螺纹连接

可连接同径或异径的竖向、水平或任何倾角度的钢筋。

纵向受力钢筋采用机械连接接头及焊接接头时连接区段的长度为 $35d$（d 为纵向受力钢筋的较大直径）且不小于 500 mm；同一连接区段内，纵向受力钢筋的接头面积百分率应符合设计或规定要求，规定要求如下：

①在受拉区不宜大于 50%。

②接头不宜设置在有抗震设防要求的框架梁端、柱端的箍筋加密区；当无法避开时，对等强度高质量机械连接接头，不应大于 50%。

③直接承受动力荷载的结构构件中，不宜采用焊接接头；宜采用机械连接接头。

（三）混凝土工程

1. 混凝土制备

（1）混凝土制备应采用符合质量要求的原材料，按规定的配合比配料，混合料应拌合均匀，以保证结构设计所规定的混凝土强度等级，满足设计提出的特殊要求和施工和易性要求，并应符合节约水泥、减轻劳动强度等原则。

（2）混凝土搅拌是将各种组成材料拌制成质地均匀、颜色一致、具备一定流动性的混凝土拌合物。

（3）为了获得质量优良的混凝土拌合物，除正确选择搅拌机外，还必须正确确定搅拌制度，即搅拌时间、投料顺序等。

（4）混凝土拌合物在搅拌站集中拌制，可以做到自动上料、自动称量、自动出料和集中操作控制，机械化、自动化程度大大提高，劳动强度大大降低，使混凝土质量得到改善，可以取得较好的技术经济效果。施工现场可根据工程任务的大小、现场的具体条件、机具设备的情况，因地制宜地选用，如采用移动式混凝土搅拌站等。

2.混凝土运输

对混凝土拌合物运输的要求是：运输过程中，应保持混凝土的均匀性，避免产生分层离析现象，混凝土运至浇筑地点，应符合浇筑时所规定的坍落度；混凝土应以最少的中转次数，最短的时间，从搅拌地点运至浇筑地点，保证混凝土从搅拌机卸出后到浇筑完毕的延续时间不超过规定要求；运输工作应保证混凝土的浇筑工作连续进行；运送混凝土的容器应严密，其内壁平整光洁，不吸水，不漏浆，黏附的混凝土残渣应经常清除。

3.混凝土浇注要求

(1)混凝土的浇筑方法，应经监理工程师批准，并尽可能采用水泥混凝土泵送浇筑方法。

(2)浇筑混凝土前，全部支架、模板和钢筋预埋件应按图纸要求进行检查，并清理干净模板内杂物，使之不得有滞水、冰雪、锯末、施工碎屑和其他附着物质，未经监理工程师检查批准，不得在结构任何部分浇筑混凝土。在浇筑时对混凝土表面操作应仔细周到，使砂浆紧贴模板，以使混凝土表面光滑、无水囊、气囊或蜂窝。

(3)混凝土分层浇筑厚度不应超过表5-1的规定。混凝土的浇筑应连续进行，如因故必须间断，间断时间应小于前层混凝土的初凝时间或能重塑的时间。混凝土的运输、浇筑及间歇的全部时间不得超过表5-2的规定。

表5-1 混凝土分层浇筑厚度

项次	捣实混凝土的方法		浇筑层厚度/mm
1	插入式振捣		振捣器作用部分长度的1.25倍
2	表面振动		200
3	人工捣固	在基础、无筋混凝土或配筋稀疏的结构中	250
		在梁、墙板、柱结构中	200
		在配筋密列的结构中	150
4	轻骨料混凝土	插入式振捣器	300
		表面振动(振动时须加荷)	200

表5-2 混凝土的运输、浇筑及间歇的全部允许时间/min

混凝土强度等级	气温不高于25℃	气温高于25℃
≤C30	120	90
>C30	90	60

注：当混凝土中有促凝剂或缓凝剂时，其允许时间应根据试验结果确定。

(4)混凝土在浇筑前，混凝土的温度应维持在10~32℃之间。

(5)除非监理工程师另外同意，混凝土由高处落下的高度不得超过2m。超过2m时应采用导管或溜槽。超过10m时应采用减速装置。导管或溜槽，应保持干净，使用过程要避免发生离析。

(6)浇筑混凝土期间，应设专人检查支架、模板、钢筋和预埋件等稳固情况，当发现有松动、变形、移位时，应及时处理。

（7）混凝土初凝至拆模强度之前，模板不得振动，伸出的钢筋不得承受外力。

（8）在晚间浇筑混凝土，承包人应具有监理工程师批准的适当的照明设施。

（9）工程的每一部分混凝土的浇筑日期、时间及浇筑条件都应保有完整的记录，供监理工程师随时检查使用。

4. 混凝土的养护

（1）混凝土的养护基本要求

混凝土浇捣后，之所以能逐渐凝结硬化，主要是因为水泥水化作用的结果，而水化作用则需要适当的温度和湿度条件，因此为了保证混凝土有适宜的硬化条件，使其强度不断增长，必须对混凝土进行养护。混凝土的养护目的，一是创造各种条件使水泥充分水化，加速混凝土硬化；二是防止混凝土成型后暴晒、风吹、寒冷等条件而出现的不正常收缩、裂缝等破损现象。

混凝土养护法分为自然养护和加热养护两种。现浇混凝土在正常条件下通常采用自然养护。自然养护法要求在浇筑完成后，12 h 以内应进行养护；混凝土强度未达到 1.2 N/mm^2 以前，严禁任何人在上面行走、安装模板支架，更不得作冲击性或上面任何劈打的操作。

（2）养护工序

覆盖养护是最常用的保温保湿养护方法。主要措施是：

应在初凝以后开始覆盖养护，在终凝后开始浇水（12 h 后），覆盖物为麦杆、烂草席、竹帘、麻袋片、编制布等片状物。

浇水工具可以采用水管、水桶等，保证混凝土的湿润度。

不同混凝土潮湿养护的最低期限见表 5 - 3。

表 5 - 3　不同混凝土潮湿养护的最低期限

混凝土类型	水胶比	大气潮湿（50% < RH < 75%）无风、无阳光直射		大气干燥（RH < 50%）有风或阳光直射	
		日平均气温 T/℃	潮湿养护期限/d	日平均气温 T/℃	潮湿养护期限/d
胶凝材料中掺有矿物掺合料	≥0.45	5 ≤ T < 10	21	5 ≤ T < 10	28
		10 ≤ T < 20	14	10 ≤ T < 20	21
		20 ≤ T	10	20 ≤ T	14
	<0.45	5 ≤ T < 10	14	5 ≤ T < 10	21
		10 ≤ T < 20	10	10 ≤ T < 20	14
		20 ≤ T	7	20 ≤ T	10

续表 5 - 3

混凝土类型	水胶比	大气潮湿(50%＜RH＜75%)无风、无阳光直射		大气干燥(RH＜50%)有风或阳光直射	
		日平均气温 $T/℃$	潮湿养护期限/d	日平均气温 $T/℃$	潮湿养护期限/d
胶凝材料中未掺矿物掺合料	≥0.45	$5 \leq T < 10$	14	$5 \leq T < 10$	21
		$10 \leq T < 20$	10	$10 \leq T < 20$	14
		$20 \leq T$	7	$20 \leq T$	10
	＜0.45	$5 \leq T < 10$	10	$5 \leq T < 10$	14
		$10 \leq T < 20$	7	$10 \leq T < 20$	10
		$20 \leq T$	7	$20 \leq T$	7

注：大体积混凝土的养护时间不宜小于 28 d。

（3）养护时间

养护时间与构件项目、水泥品种和有无掺外加剂有关，常用的五种水泥正温条件下应不少于 7 d；掺有外加剂或有抗渗、抗冻要求的项目，应不少于 14 d。

（4）满水法养护

采用厚为 12 mm 以上的九夹板条（宽为 100 mm）在浇捣混凝土板过程中随抹平时沿现浇板四周临边搭接铺贴，用每米两个长 35 mm 铁钉固定；楼梯踏步和现浇板高低处也同样用板铺贴，楼梯踏步贴板要求平整，步高差小于 3 mm；混凝土板较大时应按浇捣时间及平面大小分块养护，分界处同样用 100 mm 宽九夹板条铺贴；板条铺设要求平整，紧靠临边；混凝土浇捣后要及时用粗木抹子抹平，及时养护，尤其是夏天高温初凝前应采用喷雾养护，及粗木抹子二次抹平，在终凝前用满水法（即在板面先铺一张三夹板之类平板，水再通过板面流向混凝土面，直到溢出板条）养护 3 ~ 7 d，条件允许养护时间宜延长；在养护期间切忌扰动混凝土；楼梯踏步板条宜在混凝土强度达到 100% 以后再取消。

这种养护方式能很好地保证混凝土在恒温、恒湿的条件下得到养护，能大大减少因温湿变化及失水所引起的塑性收缩裂缝，能很好地控制板厚及板面平整度，能很好地保证混凝土表面强度，避免楼面面层空鼓现象，能很好地保证混凝土外观质量，减少装饰阶段找平、凿平、护角等费用。

5. 混凝土的拆模

混凝土结构在浇筑完成一些构件或一层结构之后，经过自然养护（或冬期蓄热法等养护）之后，在混凝土具有相当强度时，为使模板能周转使用，就要对支撑的模板进行拆除。一般来说拆模可分为两种情况：一种是在混凝土硬化后对模板无作用力的，如侧模板；一种是混凝土虽已硬化，但要拆除模板则其构件本身还不具备承担荷载的能力的，那么，这种构件的模板不是随便就可以拆除的，如梁、板、楼梯等构件的底模。

（1）现浇混凝土结构拆模条件

对于整体式结构的拆模期限，应遵守以下规定。

①非承重的侧面模板，在混凝土强度能保证其表面及棱角不因拆除模板而损坏时，方可

拆除。

②底模板在混凝土强度达到设计规定后，始能拆除。

③已拆除模板及其支架的结构，应在混凝土达到设计强度后，才允许承受全部计算荷载。施工中不得超载使用已拆除模板的结构，严禁堆放过量建筑材料。当承受施工荷载大于计算荷载时，必须经过核算加设临时支撑。

④钢筋混凝土结构如在混凝土未达到规定的强度时进行拆模及承受部分荷载，应经过计算复核结构在实际荷载作用下的强度。

⑤多层框架结构当需拆除下层结构的模板和支架，而其混凝土强度尚不能承受上层模板和支架所传来的荷载时，则上层结构的模板应选用减轻荷载的结构(如悬吊式模板、桁架支模等)，但必须考虑其支撑部分的强度和刚度。或对下层结构另设支柱(或称再支撑)后，才可安装上层结构的模板。

(2)预制构件拆模条件

预制构件的拆模强度，当设计无明确要求时，应遵守下列规定：

1)拆除侧面模板时，混凝土强度能保证构件不变形、棱角完整和无裂缝时方可拆除。

2)拆除承重底模时应符合规范的规定。

3)拆除空心板的芯模或预留孔洞的内模时，在能保证表面不发生塌陷和裂缝时方可拆模，并应避免较大的振动或碰伤孔壁。

(3)滑升模板拆除条件

滑升模板装置的拆除，尽可能避免在高空作业。提升系统的拆除可在操作平台上进行，只要先切断电源，外防护齐全(千斤顶拟留待与模板系统同时拆除)，就不会产生安全问题。

1)模板系统及千斤顶和外挑架、外吊架的拆除，宜采用按轴线分段整体拆除的方法。总的原则是先拆外墙(柱)模板(提升架、外挑架、外吊架一同整体拆下)；后拆内墙(柱)模板。模板拆除程序为：将外墙(柱)提升架向建筑物内侧拉牢——外吊架挂好溜绳——松开围圈连接件——挂好起重吊绳，并稍稍绷紧——松开模板拉牢绳索——割断支撑杆，模板吊起缓慢落下——牵引溜绳使模板系统整体躺倒地面——模板系统解体。

此种方法模板吊点必须找好，钢丝绳垂直线应接近模板段重心，钢丝绳绷紧时，其拉力接近并稍小于模板段总重。

2)若条件不允许时，模板必须高空解体散拆。高空作业危险性较大，除在操作层下方设置卧式安全网防护，危险作业人员系好安全带外，必须编制好详细、可行的施工方案。一般情况下，模板系统解体前，拆除提升系统及操作平台系统的方法与分段整体拆除相同，模板系统解体散拆的施工程序为：拆除外吊架脚手架、护身栏(自外墙无门窗洞口处开始，向后倒退拆除)——拆除外吊架吊杆及外挑架——拆除内固定平台——拆除外墙(柱)模板——拆除外墙(柱)围圈——拆除外墙(柱)提升架——将外墙(柱)千斤顶从支撑杆上端抽出——拆除内墙模板——拆除一个轴线段围圈，相应拆除一个轴线段提升架——千斤顶从支撑杆上端抽出。

高空解体散拆模板必须掌握的原则是：在模板解体散拆的过程中，必须保证模板系统的总体稳定和局部稳定，防止模板系统整体或局部倾倒坍落。因此，在制定方案、技术交底和实施过程中，务必有专责人员统一组织、指挥。

3)高层建筑滑模设备的拆除一般应做好下述几项工作。

①根据操作平台的结构特点，制定其拆除方案和拆除顺序。

②认真核实所吊运件的重量和起重机在不同起吊半径内的起重能力。

③在施工区域，画出安全警戒区，其范围应视建筑物高度及周围具体情况而定。禁区边缘应设置明显的安全标志，并配备警戒人员。

④建立可靠的通信指挥系统。

⑤拆除外围设备时必须系好安全带，并有专人监护。

⑥使用氧气和乙炔设备应有安全防火措施。

⑦施工期间应密切注意气候变化情况，及时采取预防措施。

⑧拆除工作一般不宜在夜间进行。

（4）拆模程序

1）模板拆除一般是先支的后拆，后支的先拆，先拆非承重部位，后拆承重部位，并做到不损伤构件或模板。

2）肋形楼盖应先拆柱模板，再拆楼板底模，梁侧模板，最后拆梁底模板。拆除跨度较大的梁下支柱时，应先从跨中开始分别拆向两端。侧立模的拆除应按自上而下的原则进行。

3）工具式支模的梁、板模板的拆除，应先拆卡具，顺口方木、侧板，再松动木楔，使支柱、桁架等平稳下降，逐段抽出底模板和横挡木，最后取下桁架、支柱、托具。

4）多层楼板模板支柱的拆除：当上层模板正在浇筑混凝土时，下一层楼板的支柱不得拆除，再下一层楼板支柱，仅可拆除一部分；跨度4 m及4 m以上的梁，均应保留支柱，其间距不得大于3 m；其余再下一层楼的模板支柱，当楼板混凝土达到设计强度时，方可全部拆除。

（5）拆模过程中应注意的问题

1）拆除时不要用力过猛、过急，拆下来的木料应整理好及时运走，做到活完地清。

2）在拆除模板过程中，如发现混凝土有影响结构安全的质量问题时，应暂停拆除。经处理后，方可继续拆除。

3）拆除跨度较大的梁下支柱时，应先从跨中开始，分别拆向两端。

4）多层楼板模板支柱的拆除，其上层楼板正在浇灌混凝土时，下一层楼板模板的支柱不得拆除，再下一层楼板的支柱仅可拆除一部分。

5）拆模间歇时，应将已活动的模板、牵杆、支撑等运走或妥善堆放，防止因扶空、踏空而坠落。

6）模板上有预留孔洞者，应在安装后将洞口盖好。混凝土板上的预留孔洞，应在模板拆除后随即将洞口盖好。

7）模板上架设的电线和使用的电动工具，应用36 V低压电源或采用其他有效的安全措施。

8）拆除模板一般用长撬棍。人不许站在正在拆的模板下。在拆除模板时，要防止整块模板掉下，拆模人员要站在门窗洞口外拉支撑，防止模板突然全部掉落伤人。

9）高空拆模时，应有专人指挥，并在下面标明工作区，暂停人员过往。

10）定型模板要加强保护，拆除后即清理干净，堆放整齐，以利再用。

11）已拆除模板及其支架的结构，应在混凝土强度达到设计强度等级后，才允许承受全部计算荷载。当承受施工荷载大于计算荷载时，必须经过核算，加设临时支撑。

混凝土结构浇筑后，达到一定强度，方可拆模。模板拆卸日期，应按结构特点和混凝土所达到的强度来确定。

(四)混凝土工程施工质量验收与评定

1．主控项目

(1)水泥进场时应对其品种、级别、包装或散装仓号、出厂日期等进行检查，并应对其强度、安定性及其他必要的性能指标进行复验，其质量必须符合现行国家标准的要求

(2)混凝土中掺用外加剂的质量及应用技术应符合现行国家标准和有关环境保护的规定。

(3)结构混凝土的强度等级必须符合设计要求。

(4)对有抗渗要求的混凝土结构，其混凝土试件应在浇筑地点随机取样

(5)混凝土强度等级、耐久性和工作性等应按有关规定进行配合比设计。

(6)混凝土原材料每盘称量的偏差应符合有关规定。

(7)混凝土运输、浇筑及间歇的全部时间不应超过混凝土的初凝时间。

(8)现浇结构的外观质量不应有影响结构性能和使用功能的尺寸偏差。

(9)现浇结构的外观质量不应有严重缺陷。

2．一般项目

(1)混凝土中掺用矿物掺合料，粗、细骨料及拌制混凝土用水的质量应符合现行国家标准的规定。

(2)首次使用的混凝土配合比应进行开盘鉴定，其工作性应满足设计配合比的要求。

(3)混凝土拌制前，应测定砂、石含水率并根据测试结果调整材料用量，提出施工配合比。

(4)施工缝、后浇带的位置应在混凝土浇筑前按设计要求和施工技术方案确定。施工缝处理、后浇带混凝土浇筑应按施工技术方案执行。

(五)混凝土结构工程施工安全技术

1．材料运输安全要求

(1)作业前应检查运输道路和工具，确认安全。

(2)使用汽车、罐车运送混凝土时，现场道路应平整坚实，现场指挥人员应站在车辆侧面。卸料时，车轮应挡掩。

(3)搬运袋装水泥时，必须按顺序逐层从上往下阶梯式搬运，严禁从下边抽取。堆放时，垫板应平稳、牢固，按层码垛整齐，必须压碴码放，高度不得超过10袋。水泥码放不得靠近墙壁。

(4)使用手推车运输时应平稳推行，不得抢跑，空车应让重车。向搅拌机料斗内倒砂时，应设挡掩，不得撒把倒料。向搅拌机料斗内倒水泥时，脚不得蹬在料斗上。

(5)运输混凝土小车通过或上下沟槽时必须走便桥或马道，便桥和马道的宽度应不小于1.5 m，马道应设防滑条和防护栏杆。应随时清扫落在便桥或马道上的混凝土。途经的构筑物或洞口临边必须设置防护栏杆。

(6)用手推车运料，运送混凝土时，装运混凝土量应低于车厢顶5~10 cm。

(7)用起重机运输时，机臂回转范围内不得有无关人员。垂直运输使用井架、龙门架、电梯运送混凝土时，必须明确联系信号。车把不得超出吊盘(笼)以外，车轮应当挡掩，稳起稳落，用塔吊运送混凝土时，小车必须焊有牢固吊环，吊点不得少于4个，并保持车身平衡；

使用专用吊斗时吊环应牢固可靠,吊索具应符合起重机械安全规程要求。中途停车时,必须用滚杠架住吊笼。吊笼运行时,严禁将头或手伸向吊笼的运行区域。

(8)应及时清扫落地材料,保持现场环境整洁。

2. 混凝土浇筑与振捣

(1)浇筑作业必须设专人指挥,分工明确。

(2)混凝土振捣器使用前必须经过电工检查确认合格后方可使用,开关箱内必须装置保护器,插座插头应完好无损,电源线不得破皮漏电;操作者必须穿绝缘鞋,戴绝缘手套。

(3)在沟槽、基坑中浇注混凝土前应检查槽帮,确认安全后方可作业。

(4)沟槽深度大于3 m时,应设置混凝土溜槽,溜槽间节必须连接可靠,操作部位应设防护栏,不得直接站在溜放槽帮上操作。溜放时作业人员应协调配合。

(5)泵送混凝土时,宜设2名以上人员牵引布料杆。泵送管接口、安全阀、管架等必须安装牢固,输送前应试送,检修时必须卸压。

(6)浇筑拱型结构,应自两边拱脚对称同时进行,浇筑圈梁、雨蓬、阳台应设置安全防护设施。

(7)浇灌2 m高度以上框架柱、梁混凝土应站在脚手架或平台上作业。不得直接站在模板或支撑上操作。浇灌人员不得直接在钢筋上踩踏、行走。

(8)向模板内灌注混凝土时,作业人员应协调配合,灌注人员应听从振捣人员的指挥。

(9)浇筑混凝土作业时,楼板仓内照明用电必须使用12 V低压。

(10)预应力灌浆应严格按照规定压力进行,输浆管道应畅通,阀门接头应严密牢固。

3. 混凝土养护

(1)使用覆盖物养护混凝土时,预留孔洞必须按照规定设安全标志,加盖或设围栏,不得随意挪动安全标志及防护设施。

(2)使用电热毯养护应设警示牌、围栏,无关人员不得进入养护区域。严禁折叠使用电热毯,不得在电热毯上压重物,不得用金属丝捆绑电热毯。

(3)使用软水管浇水养护时,应将水管接头连接牢固,移动水管不得猛拽,不得拉移胶管。

(4)覆盖物养护材料使用完毕后,应及时清理并存放到指定地点,码放整齐。

(5)蒸汽养护、操作和冬施测温人员,不得在混凝土养护坑(池)边沿站立或行走,应注意脚底孔洞与磕绊物等,加热用的蒸汽管应架高或用保温材料包裹。

(六) 质量记录

本工艺标准应具备以下质量记录:

(1)材料(砖、水泥、砂、钢筋等)的出厂合格证及复试报告。

(2)混凝土、砂浆试块试验报告。

(3)分项工程质量检验评定。

(4)隐检、预检记录。

(5)冬期施工记录。

(6)设计变更及洽商记录。

(7)其他技术文件。

模块六　砖混结构施工顶岗实习

一、砖混结构施工顶岗实习任务

(一)顶岗实习目的

顶岗实习是建筑工程专业教学计划中的重要组成部分。它为实现专业培养目标起着重要作用,也是为毕业后参加实际工作而做的一次预演。通过顶岗实习:

(1)了解建筑构造、结构体系及特点;了解某些新建筑、新结构、新施工工艺、新材料和现代化管理方法等,丰富和扩大学生的专业知识领域。

(2)使学生对单位或部分工程的结构构造、施工技术与施工组织管理等内容进一步加深理解,巩固课堂所学内容;了解拟定典型分部分项工程的施工方案和控制施工进度计划的方法。

(3)参加实际生产工作,运用已学的理论知识和技能解决实际问题,培养学生分析问题和解决问题的能力。

(4)了解建筑企业的组织机构及企业经营管理方式;对施工项目经理部的组成,施工成本的控制,生产要素的管理有所了解。

(5)学习广大工人和现场技术人员的刻苦、勤劳、好学等优秀品质,树立刻苦钻研科学技术为祖国现代化多作贡献的思想;学习建筑工程施工质量管理的基本方法;对建筑工程施工质量的过程控制有所了解;了解现行的国家有关工程质量检验和管理的标准。

(二)实习内容

(1)看懂实习工程对象的建筑、结构施工图;了解工程性质、规模、生产工艺过程、建筑构造与结构体系、地基与基础特点等。

(2)掌握砌筑操作规程及砌筑工艺标准。

(3)掌握砌砖冬期施工的技术措施。

(4)掌握砖混结构的质量标准。

(5)了解砖混结构应注意的质量问题。

(6)质量记录。

(7)了解皮数杆的控制及其应用。

(8)了解砖、砌块的强度等级。

(9)了解砌筑砂浆的技术要求。

实习学生参加现场施工和管理工作,在实习中应深入施工现场,认真学习,获取直接知识,巩固所学理论,完成实习指导老师(现场工程师或技术人员、技术工人)所布置的各项工作任务,培养和锻炼运用所学知识和技能独立分析问题和解决问题的能力。

二、砖混结构施工顶岗实习指导

砖混结构实习可以从事下述工作或学习内容。

（一）了解砌筑操作规程及砌筑工艺标准

1. 砌筑操作规程

第 1 条　上下脚手架应走斜道爬梯。不准站在砖墙上做砌筑、划线（勾缝）、检查四角垂直度和清扫墙面等工作。

第 2 条　砌砖使用的工具应放在稳妥的地方。砍砖应面向墙面，工作完毕应将架上脚踏板的碎砖、灰浆清扫干净，防止掉落伤人。

第 3 条　山墙砌完后应立即安装衔条或加临时支撑，防止倒塌。

第 4 条　运吊砌块的夹具要牢固，就位放稳后，方可松开夹具。使用斗车时，装车不得超重，卸车要平稳，不得在临边倾倒和停放。

第 5 条　在屋面坡度大于 25° 时，挂瓦必须使用移动板梯，板梯必须有牢固的挂钩。没有外架子时檐口应搭设防护栏杆和挂设防护立网。

第 6 条　屋面上瓦应两坡同时进行，保持屋面受力均衡，瓦要放稳。屋面无望板时，应铺设通道，不准在檩条、挂瓦条上行走。屋面的临边必须设有防护，方准操作。

第 7 条　室内作业时，2 m 以上（含 2 m）必须搭设牢固里脚手架，铺好脚踏板，不准使用铁桶、垫砖、木凳等。

第 8 条　室内作业使用照明时，不准擅自拉接电源线，严禁使用花线、塑胶线作为导线。

第 9 条　砌筑时需要使用临时脚手架时，必须有牢固支架，架板应采用长 2～4 m，宽 30 cm，厚 5 cm 的杉木跳板或竹跳板，垫砖不得超过三块。

第 10 条　砌筑操作时，架板上堆砖不得超过三皮。砌筑与装修时使用板不得同时由两人或两人以上操作。工作完毕必须清理架板上的砖、灰和工具。

第 11 条　在高处架上砌筑与装修操作时不准往上或往下乱抛扔材料或工具，必须采用传递方法。

第 12 条　泥普工使用井架提升机，人站在卸料平台出料时，必须等吊篮停靠稳定后方可拉车出料，先开吊篮停靠装置方可进人吊篮内推拉斗车。

第 13 条　泥普工使用井架提升机，人站在卸料平台出料时，必须服从指挥，正确使用联络信号，吊篮下降时人必须退至安全位置，方可向开机人员发出升降信号。

第 14 条　泥普工在楼层面卸料（砖、砂浆等材料）时，不得将材料卸在临边 1 m 的范围内。

第 15 条　运料工在运送材料时不得从井架吊篮下通行，当发现吊篮防护门发生故障时，不得向井架操作工发出升降信号。

第 16 条　砖块垂直运输，应采用铁笼集装。塔吊吊运时，严禁在塔吊下站人或进行作业；采用塔吊安装楼板时，在其下层楼内不得进行作业。

第 17 条　严禁站在墙顶上进行砌砖、勾缝、清洗墙面以及检查四大角等工作。

第 18 条　搬运石块时，必须拿稳、放牢，防止伤人。

第 19 条　砖墙（柱）日砌高度不宜超过 1.8 m，毛石日砌高度不宜超过 1.2 m。

2. 一般砖砌体砌筑工艺标准

（1）范围

本工艺标准适用于一般工业与民用建筑中砖混、外砖内模及有抗震构造柱的砖墙砌筑工程。

（2）施工准备

①砖：品种、强度等级必须符合设计要求，并有出厂合格证、试验单。清水墙的砖应色泽均匀，边角整齐。

②水泥：品种及标号应根据砌体部位及所处环境条件选择，一般宜采用325号普通硅酸盐水泥或矿渣硅酸盐水泥。

③砂：用中砂，配制M5以下砂浆所用砂的含泥量不超过10%，M5及其以上砂浆的砂含泥量不超过5%，使用前用5 mm孔径的筛子过筛。

④掺合料：白灰熟化时间不少于7 d，或采用粉煤灰等。

⑤其他材料：墙体拉结筋及预埋件、木砖应刷防腐剂等。

⑥主要机具：应备有大铲、刨锛、瓦刀、扇子、托线板、线坠、小白线、卷尺、铁水平尺、皮数杆、小水桶、灰槽、砖夹子、扫帚等。

（3）作业条件

①完成室外及房心回填土，安装好沟盖板。

②办完地基、基础工程隐检手续。

③按标高抹好水泥砂浆防潮层。

④弹好轴线、墙身线，根据进场砖的实际规格尺寸，弹出门窗洞口位置线，经验线符合设计要求，办完预检手续。

⑤按设计标高要求立好皮数杆，皮数杆的间距以15～20 m为宜。

⑥砂浆由试验室做好试配，准备好砂浆试模（6块为一组）。

（4）操作工艺

①工艺流程

砂浆搅拌──作业准备──砖浇水──砌砖墙──验评

②砖浇水：黏土砖必须在砌筑前一天浇水湿润，一般以水浸入砖四边1.5 cm为宜，含水率为10%～15%，常温施工不得用干砖上墙；雨季不得使用含水率达饱和状态的砖砌墙；冬期浇水有困难，必须适当增大砂浆稠度。

③砂浆搅拌：砂浆配合比应采用重量比，计量精度水泥为±2%，砂、灰膏控制在±5%以内，宜用机械搅拌，搅拌时间不少于1.5 min。

④砌砖墙

A.组砌方法：砌体一般采用一顺一丁（满丁、满条）、梅花丁或三顺一丁砌法。砖柱不得采用先砌四周后填心的包心砌法。

B.排砖撂底（干摆砖）：一般外墙第一层砖撂底时，两山墙排丁砖，前后檐纵墙排条砖。根据弹好的门窗洞口位置线，认真核对窗间墙、垛尺寸，其长度是否符合排砖模数，如不符合模数时，可将门窗口的位置左右移动。若有破活，七分头或丁砖应排在窗口中间、附墙垛或其他不明显的部位。移动门窗口位置时，应注意暖卫立管安装及门窗开启时不受影响。另外，在排砖时还要考虑在门窗口上边的砖墙合拢时也不出现破活。所以排砖时必须做全盘考虑，前后檐墙排第一皮砖时，要考虑甩窗口后砌条砖，窗角上必须是七分头才是好活。

C.选砖：砌清水墙应选择棱角整齐，无弯曲、裂纹，颜色均匀，规格基本一致的砖。敲击时声音响亮，焙烧过火变色，变形的砖可用在基础及不影响外观的内墙上。

D.盘角：砌砖前应先盘角，每次盘角不要超过五层，新盘的大角，及时进行吊、靠。如有偏差要及时修整。盘角时要仔细对照皮数杆的砖层和标高，控制好灰缝大小，使水平灰缝均匀一致。大角盘好后再复查一次，平整和垂直完全符合要求后，再挂线砌墙。

E. 挂线：砌筑一砖半墙必须双面挂线，如果长墙几个人均使用一根通线，中间应设几个支线点，小线要拉紧，每层砖都要穿线看平，使水平缝均匀一致，平直通顺；砌一砖厚混水墙时宜采用外手挂线，可照顾砖墙两面平整，为下道工序控制抹灰厚度奠定基础。

F. 砌砖：砌砖宜采用一铲灰、一块砖、一挤揉的"三一"砌砖法，即满铺、满挤操作法。砌砖时砖要放平。里手高，墙面就要张；里手低，墙面就要背。砌砖一定要跟线，"上跟线，下跟棱，左右相邻要对平"。水平灰缝厚度和竖向灰缝宽度一般为 10 mm，但不应小于 8 mm，也不应大于 12 mm。为保证清水墙面主缝垂直，不游丁走缝，当砌完一步架高时，宜每隔 2 m 水平间距，在丁砖立楞位置弹两道垂直立线，可以分段控制游丁走缝。在操作过程中，要认真进行自检，如出现偏差，应随时纠正。严禁事后砸墙。清水墙不允许有三分头，不得在上部任意变活、乱缝。砌筑砂浆应随搅拌随使用，当平均气温低于 30℃ 时，砂浆应在 3 h 以内使用完毕，当平均气温不低于 30℃ 时，不得使用过夜砂浆。砌清水墙应随砌随划缝，划缝深度为 8~10 mm，深浅一致，墙面清扫干净。混水墙应随砌随将舌头灰刮尽。

G. 留槎：外墙转角处应同时砌筑。内外墙交接处必须留斜槎，槎子长度不应小于墙体高度的 2/3，槎子必须平直、通顺。分段位置应在变形缝或门窗口角处，隔墙与墙或柱不同时砌筑时，可留阳槎加预埋拉结筋。沿墙高按设计要求每 50 cm 预埋 ϕ6 钢筋 2 根，其埋入长度从墙的留槎处算起，一般每边均不小于 50 cm，末端应加 90° 弯钩。施工洞口也应按以上要求留水平拉结筋。隔墙顶应用立砖斜砌挤紧。

H. 木砖预留孔洞和墙体拉结筋：木砖预埋时应小头在外，大头在内，数量按洞口高度决定。洞口高在 1.2 m 以内，每边放 2 块；高 1.2~2 m，每边放 3 块；高 2~3 m，每边放 4 块，预埋木砖的部位一般在洞口上边或下边四皮砖，中间均匀分布。木砖要提前做好防腐处理。钢门窗安装的预留孔。硬架支模、暖卫管道，均应按设计要求预留，不得事后剔凿。墙体拉结筋的位置、规格、数量、间距均应按设计要求留置，不应错放、漏放。

I. 安装过梁、梁垫：安装过梁、梁垫时，其标高、位置及型号必须准确，坐灰饱满。如坐灰厚度超过 2 cm 时，要用豆石混凝土铺垫，过梁安装时，两端支承点的长度应一致。

J. 构造柱做法：凡设有构造柱的工程，在砌砖前，先根据设计图纸将构造柱位置进行弹线，并把构造柱插筋处理顺直。砌砖墙时，与构造柱连接处砌成马牙槎。每一个马牙槎沿高度方向的尺寸不宜超过 30 cm（即五皮砖）。马牙槎应先退后进。拉结筋按设计要求放置，设计无要求时，一般沿墙高 50 cm 设置 2 根 ϕ6 水平拉结筋，每边深入墙内不应小于 1 m。

（二）冬期施工

在预计连续 5 d 由平均气温低于 +5℃ 或当日最低温度低于 0℃ 时即进入冬期施工。冬期使用的砖，要求在砌筑前清除冰霜。水泥宜用普通硅酸盐水泥，灰膏要防冻，如已受冻要融化后方能使用。砂中不得含有大于 1 cm 的冻块，材料加热时，水加热不超过 80℃，砂加热不超过 40℃。砖正温度时适当浇水，负温即应停止，可适当增大砂浆稠度，冬期不应使用无水泥的砂浆。砂浆中掺盐时，应用波美比重计检查盐溶液浓度。但对绝缘、保温或装饰有特殊要求的工程不得掺盐，砂浆使用温度不应低于 +5℃，掺盐量应符合冬施方案的规定。采用掺盐砂浆砌筑时，砌体中的钢筋应预先做防腐处理，一般涂防锈漆两道。

（三）质量标准

1. 保证项目

（1）砖的品种、强度等级必须符合设计要求。

（2）砂浆品种及强度应符合设计要求。同品种、同强度等级砂浆各组试块抗压强度平均值不小于设计强度值，任一组试块的强度最低值不小于设计强度的75%。

（3）砌体砂浆必须密实饱满，实心砖砌体水平灰缝的砂浆饱满度不小于80%。

（4）外墙转角处严禁留直槎，其他临时间断处留槎做法必须符合规定。

2. 基本项目

（1）砌体上下错缝，砖柱、垛元包心砌法：窗间墙及清水墙面无通缝；混水墙每间（处）无4皮砖的通缝（通缝指上下二皮砖搭接长度小于25 mm）。

（2）砖砌体接槎处灰浆应密实，缝、砖平直，每处接槎部位水平灰缝厚度小于5 mm 或透亮的缺陷不超过5个。

（3）预埋拉筋的数量、长度均符合设计要求和施工规范的规定，留置间距偏差不超过一皮砖。

（4）构造柱留置正确，大马牙槎先退后进、上下顺直，残留砂浆清理干净。

（5）清水墙组砌正确，坚缝通顺，刮缝深度适宜、一致，棱角整齐，墙面清洁美观。

3. 成品保护

（1）墙体拉结筋、抗震构造柱钢筋、大模板混凝土墙体钢筋及各种预埋件，暖卫、电气管线等，均应注意保护，不得任意拆改或损坏。

（2）砂浆稠度应适宜，砌墙时应防止砂浆溅脏墙面。

（3）在吊放平台脚手架或安装大模板时，指挥人员和吊车司机要认真指挥和操作，防止碰撞已砌好的砖墙。

（4）在高车架进料口周围，应用塑料薄膜或木板等遮盖，保持墙面洁净。

（5）尚未安装楼板或屋面板的墙和柱，当可能遇到大风时，应采取临时支撑等措施，以保证施工中墙体的稳定性。

（四）应注意的质量问题

1. 基础墙与上部墙错台

基础砖撂底要正确，收退大放角两边要相等，退到墙身之前要检查轴线和边线是否正确，如偏差较小可在基础部位纠正，不得在防潮层以上退台或出沿。

2. 清水墙游丁走缝

排砖时必须把立缝排匀，砌完一步架高度，每隔2 m 间距在丁砖立楞处用托线板吊直弹线，二步架往上继续吊直弹粉线，底柱上所有七分头的长度应保持一致，上层分窗口位置处必同下窗口保持垂直。

3. 灰缝大小不匀

立皮数杆要保证标高一致，盘角时灰缝要掌握均匀，砌砖时小线要拉紧，防止一层线松，一层线紧。

4. 窗口上部立缝变活

清水墙排砖时，为了使窗间墙、垛排成好活，把破活排在中间或不明显位置，在砌过梁上第一行砖时，不得随意变活。

5.砖墙鼓胀

外砖内模墙体砌筑时，在窗间墙上、抗震柱两边分上、中、下留出 6 cm×12 cm 通孔，在抗震柱外墙面上垫木模板，用花篮螺栓与大模板连接牢固。混凝土要分层浇筑，振捣棒不可直接触及外墙。楼层圈梁外三皮 12 cm 砖墙也应认真加固，如在振捣时发现砖墙已鼓胀，则应及时拆掉重砌。

6.混水墙粗糙

舌头灰未刮尽，半头砖集中使用，造成通缝；一砖厚墙背面偏差较大；砖墙错层造成螺丝墙。半头砖应分散使用在墙体较大的面上。首层或楼层的第一皮砖要查对皮数杆的标高及层高，防止到顶砌成螺丝墙。一砖厚墙应外手挂线。

7.构造柱处砌筑不符合要求

构造柱砖墙应砌成大马牙槎，设置好拉结筋，从柱脚开始两侧都应先退后进，当凿深 12 cm 时，宜上口一皮进 6 cm，再上一皮进 12 cm，以保证混凝土浇筑时上角密实构造柱内的落地灰、砖渣杂物必须清理干净，防止混凝土内夹渣。

（五）质量记录

本工艺标准应具备以下质量记录：

（1）材料（砖、水泥、砂、钢筋等）的出厂合格证及复试报告。

（2）砂浆试块试验报告。

（3）分项工程质量检验评定。

（4）隐检、预检记录。

（5）冬期施工记录。

（6）设计变更及洽商记录。

（7）其他技术文件。

（六）皮数杆的作用及其控制

1.皮数杆的定义

皮数杆是指在其上划有每皮砖和灰缝厚度，以及门窗洞口、过梁、楼板等高度位置的一种木制标杆。砌筑时用来控制墙体竖向尺寸及各部位构件的竖向标高，并保证灰缝厚度的均匀性，如图 6-1 所示。

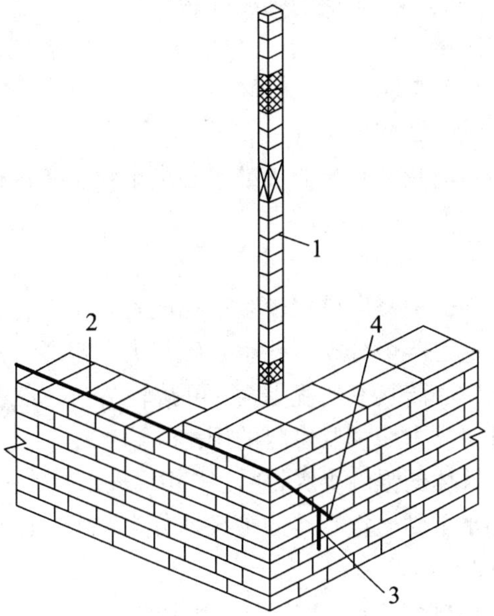

图 6-1 皮数杆示意图
1—皮数杆；2—准线；3—竹片；4—圆铁钉

2.皮数杆的作用

皮数杆的作用主要是控制墙体中的标高，如窗台、门洞顶，梁底等。在绘制皮数时，应根据各控制标高确定灰缝厚度（8~12 mm 之间调节），因此，皮数杆对于水平灰缝平直度和灰缝厚度都能起到控制作用。

3.皮数杆的构成

用方木、铝合金杆或角制作的皮数杆，长度一般为一个层楼高，并根椐设计要求，将砖规格和灰缝厚度（皮数）及竖向结构的变化部位在皮数杆上标明。在基础皮数杆上，竖向构造包括：底层室内地面、防潮层、大放脚、洞口、管道、沟槽和预埋件等。墙身皮数杆上，竖向构造包括：楼面，门窗洞口，过梁，楼板，梁及梁垫等。

4.立皮数杆

立皮数杆时，先在立杆处打一木桩，用水准仪在木桩上测出 ±0.000 标高位置，然后把皮数杆的 ±0.000 线与木桩上 ±0.000 线对齐，并用钉钉牢。

5.正确使用皮数杆

其实皮数杆只是作为保证砌体质量的一项措施和一个工具。实践证明确实行之有效。施工中如何正确使用皮数杆倒是有讲究，要有经验的施工人员事前根据砌体高度、砖或砌块的厚度、灰缝厚度来制作，施工时必须与现场水平标志结合使用，并对工人作好统一交底。

皮数杆，可以为方木、塑料尺条等直且有一定刚度的物品，在上面画上砌墙每皮砖的尺寸，一般这个尺寸包括砌体的厚度与灰缝的厚度，在划尺寸时注意考虑砌墙的高度，合理地分配灰缝的厚度，一般烧结普通砖的灰缝应控制在 8～12 mm 之间，每一皮砖的尺寸在皮数杆上画定以后，在墙体砌筑时放在直型墙的两端，然后将最底下的一皮砖的位置抄平固定好，砌墙时只需要在两头的皮数杆上带上一条线然后按照线砌砌块，可以保证墙体的灰缝水平均匀。

（七）砖、砌块的强度等级

1.砖

（1）实心砖

①烧结普通砖

目前我国生产的标准实心烧结黏土砖规格为 240 mm×115 mm×53 mm。

②实心硅酸盐砖

（2）空心砖

在砖中竖向设置较多小孔或若干个大孔，孔洞率大于 15% 以上的砖。

空心砖可分为多孔空心砖与大孔空心砖。

空心砖具有的优点为：可减轻结构的自重；由于砖厚较大，可节约砌筑砂浆或减少工时；可减少黏土用量及燃料的用量。

块体的强度等级符号以"MU"表示，单位是 MPa（N/mm²）。烧结普通砖，非烧结硅酸盐砖和承重黏土空心砖的等级划分为：MU30、MU25、MU20、MU15、MU10。

2.砌块

块材尺寸较大时，称为砌块。

高度在 180～350 mm 的块件，称为小型砌块；高度在 360～900 mm 的块体，称为中型砌块；大于 900 mm，称为大型砌块。

混凝土小型空心砌块、中型空心砌块以及粉煤灰中型空心砌块的等级划分为：MU15、MU10、MU7.5、MU5 和 MU3.5。

3.石材

在建筑中常用的有重质天然石及轻质天然石。

石材按其加工后的外型规则程度，可分为料石和毛石。料石又根据其加工粗细程度分为：细料石、半细料石、粗料石和毛料石。

石材的强度等级划分为：MU100、MU80 、MU60、MU50、MU40、MU30、MU20、MU15 和 MU10。

(八) 砌筑砂浆的技术要求

1. 流动性(稠度)

砂浆拌合物的流动性,又称砂浆的稠度,系指砂浆拌合物在自重或外力作用下产生流动的性质。新拌砂浆应具有适宜的流动性,以便在砖石上铺成均匀的薄层,或较好地填充块料缝隙。砂浆拌合物的流动性,常用砂浆稠度仪测定,稠度的大小,以标准圆锥体在砂浆中沉入的深度来表示。沉入值越大,砂浆的流动性也越大。

砂浆的稠度,应根据砌体材料的品种、具体的施工方法以及施工时的气候条件等进行选择。当砌体材料为粗糙多孔且吸水较大的块料时,应采用较大稠度值的砂浆;反之,若是密实、吸水率小的材料,则宜选用稠度值偏小的砂浆。同样一种砌体材料,在不同的气候条件下施工,使用时砂浆的稠度值也有差异。在干热条件下所选用的稠度值应偏大,湿冷条件下所选用的稠度值应偏小。

2. 砂浆的保水性

指砂浆保全拌合水,不致因析水而造成离析的能力。为保证砌体的质量,新拌制的砂浆在运输、存放及使用过程中,应保持其中的水分不致很快流失。保水性差的砂浆,在使用中易引起泌水、分层、离析等现象,致使砂浆与砌体材料间不能牢固黏结。砂浆中拌合水的流失,使砂浆的流动性降低,从而难以铺成均匀的砂浆层,造成砌体传力不均。为改善砂浆的保水性,可加入无机塑化剂如石灰膏、黏土膏、粉煤灰及有机塑化剂或微末剂等。

砂浆拌合物保水性指标,以分层度表示。分层度值越大,表明砂浆的分层、离析现象越严重,保水性越差。分层度接近于零的砂浆,具有很好的保水性,但由于这种砂浆中或是胶凝材料用量过多,或是使用的砂过细,故往往使砂浆的干缩性增大,尤其不宜用作抹灰砂浆。

3. 强度

硬化后砂浆的强度,必须满足设计要求才能保证砌体的强度。砂浆强度等级是以边长为7.07 cm 的立方体试块,在(20±2)℃温度、相对湿度为90%以上的条件下养护至28 d 的抗压强度值确定。砌筑砂浆按抗压强度划分为 M20、M15、M10、M7.5、M5.0、M2.5 等六个强度等级。砂浆的强度除受砂浆本身的组成材料及配比影响外,还与基层的吸水性能有关。

砂浆试块应在搅拌机出料口随机取样,制作。一组试块应在同一盘砂浆中取样制作。同盘砂浆只能制作一组试样。

砂浆的抽样频率应符合下列规定:每一检验批且不超过250 m³ 砌体的各种类型及强度等级的砌筑砂浆,每台搅拌机应至少抽检一次。

影响砂浆强度的因素很多,如水泥的强度等级及用量,水灰比,骨料状况、外加剂的品种和数量,混合料的拌制状况,施工及硬化时的条件等,

4. 黏结力

砌筑砂浆必须具有足够的黏结力,才可使块状材料胶结为一个整体。其黏结力的大小,将影响砌体的抗剪强度、耐久性、稳定性及抗震能力等,因此对砂浆的黏结力也有一定的要求。

砂浆的黏结力与砂浆强度有关。通常,砂浆的强度越高,其黏结力越大;低强度砂浆,因加入的掺合料过多,其内部易收缩,使砂浆与底层材料的黏结力减弱。砂浆的黏结力还与砂浆本身的抗拉强度、砌筑底面的潮湿程度、砖石表面的清洁程度及施工养护条件等因素有关。所以施工中注意砌砖前浇水湿润,保持砖表面不沾泥土,可以提高砂浆和砌筑材料之间的黏结力,保证砌体质量。

模块七　钢结构施工顶岗实习

一、钢结构施工顶岗实习任务

(一)顶岗实习目的

(1)通过参加钢结构生产劳动,增强劳动观念,熟悉和适应施工现场环境;

(2)进一步掌握钢结构工种操作技能,领会钢结构工种操作规程和安全技术规程;

(3)掌握钢结构工程的施工程序、方法和质量评定标准及所用施工机具;

(4)掌握钢结构工程的现场管理的内容和要求;

(5)进一步领会钢结构建筑工程施工图的组成、内容和要求,能看懂实习工程的施工图,提高识图能力。

(二)实习内容

1. 钢结构构件的加工制作

(1)准备工作有哪些内容;

(2)钢结构零件加工的顺序;

(3)钢结构构件组装的要求;

(4)钢结构构件成品的表面处理方法及要求。

2. 钢结构连接施工

(1)焊接施工的要求;

(2)高强度螺栓连接施工的要求。

3. 多层及高层钢结构安装

(1)安装顺序;

(2)构件吊点设置与起吊;

(3)构件安装与校正;

(4)楼层压型钢板安装。

4. 钢结构涂装施工

(1)钢结构防腐涂装施工;

(2)钢结构防火涂装施工。

5. 钢结构的质量要求与施工安全

(1)钢结构常见的质量通病原因及其预防;

(2)钢结构的质量要求;

(3)钢结构施工的安全措施。

二、钢结构施工顶岗实习指导

在我国,目前钢结构工程一般由专业厂家或承包单位总负责。即负责详图设计、构件加工制作、构件拼接安装、涂饰保护等任务。其工作程序如下:

工程承包──→详图设计──→技术设计单位审批──→材料订货──→材料运输──→钢结构件

加工、制作──→成品运输──→现场安装

钢结构工程的施工，除应满足建筑结构的使用功能外，还应符合《钢结构工程施工质量验收规范》及其他相关规范、规程的规定。

(一)钢结构构件的加工制作

1. 加工制作前的准备工作

(1)图纸审查

图纸审查的主要内容包括：

①设计文件是否齐全。

②构件的几何尺寸是否标注齐全，相关构件的尺寸是否正确。

③构件连接是否合理，是否符合国家标准。

④加工符号、焊接符号是否齐全。

⑤构件分段是否符合制作、运输安装的要求。

⑥标题栏内构件的数量是否符合工程的总数量。

⑦结合本单位的设备和技术条件考虑能否满足图纸上的技术要求。

(2)备料

根据设计图纸算出各种材质、规格的材料净用量，并根据构件的不同类型和供货条件，增加一定的损耗率(一般为实际所需量的10%)提出材料预算计划。

(3)工艺装备和机具的准备

①根据设计图纸及国家标准定出成品的技术要求。

②编制工艺流程，确定各工序的公差要求和技术标准。

③根据用料要求和来料尺寸统筹安排、合理配料，确定拼装位置。

④根据工艺和图纸要求，准备必要的工艺装备。

2. 零件加工

(1)放样

放样是指把零(构)件的加工边线、坡口尺寸、孔径和弯折、滚圆半径等以1∶1的比例从图纸上准确地放制到样板和样杆上，并注明图号、零件号、数量等。

(2)划线

划线是指根据放样提供的零件的材料、尺寸、数量，在钢材上画出切割、铣、刨边、弯曲、钻孔等加工位置，并标出零件的工艺编号。

(3)切割下料

钢材切割下料方法有气割、机械剪切和锯切等。

(4)边缘加工

边缘加工分刨边、铣边和铲边三种：

刨边是用刨边机切削钢材的边缘，加工质量高，但工效低、成本高。

铣边是用铣边机滚铣切削钢材的边缘，工效高、能耗少、操作维修方便、加工质量高，应尽可能用铣边代替刨边。

铲边分手工铲边和风镐铲边两种，对加工质量不高、工作量不大的边缘加工可以采用。

(5)矫正平直

钢材由于运输和对接焊接等原因产生翘曲时，在划线切割前需矫正平直。矫平可以用冷矫和热矫的方法。

(6)滚圆与煨弯

滚圆是用滚圆机把钢板或型钢变成设计要求的曲线形状或卷成螺旋管。

煨弯是钢材热加工的方式之一,即把钢材加热到900~1000℃(黄赤色),立即进行煨弯,在700~800℃(樱红色)前结束。采用热煨时一定要掌握好钢材的加热温度。

(7)零件的制孔

零件制孔方法有冲孔、钻孔两种。冲孔在冲床上进行,冲孔只能冲较薄的钢板,孔径的大小一般大于钢材的厚度,冲孔的周围会产生冷作硬化。钻孔是在钻床上进行,可以钻任何厚度的钢材,孔的质量较好。

3.构件组装

组装亦称装配、组拼,是把加工好的零件按照施工图的要求拼装成单个构件。钢构件的大小应根据运输道路、现场条件、运输和安装单位的机械设备能力与结构受力的允许条件等来确定。

(1)一般要求

①钢构件组装应在平台上进行,平台应测平。用于装配的组装架及胎模要牢固地固定在平台上。

②组装工作开始前要编制组装顺序表,组拼时严格按照顺序表所规定的顺序进行组拼。

③组装时,要根据零件加工编号,严格检验核对其材质、外形尺寸,毛刺飞边要清除干净,对称零件要注意方向,避免错装。

④对于尺寸较大、形状较复杂的构件。应先分成几个部分组装成简单组件,再逐渐拼成整个构件,并注意先组装内部组件,再组装外部组件。

⑤组装好的构件或结构单元,应按图纸的规定对构件进行编号,并标注构件的重量、重心位置、定位中心线、标高基准线等。

(2)焊接连接的构件组装

①根据图纸尺寸,在平台上画出构件的位置线,焊上组装架及胎模夹具。组装架离平台面不小于50 mm,并用卡兰、左右螺旋丝杠或梯形螺纹,作为夹紧调整零件的工具。

②每个构件的主要零件位置调整好并检查合格后,把全部零件组装上并进行点焊,使之定形。在零件定位前,要留出焊缝收缩量及变形量。高层建筑钢结构的柱子,两端除增加焊接收缩量的长度之外,还必须增加构件安装后荷载压缩变形量,并留好构件端头和支承点锐平的加工余量。

③为了减少焊接变形,应该选择合理的焊接顺序。如对称法、分段逆向焊接法、跳焊法等。在保证焊缝质量的前提下,采用适量的电流,快速施焊,以减小热影响区和温度差,减小焊接变形和焊接应力。

4.构件成品的表面处理

(1)高强度螺栓摩擦面的处理

采用高强度螺栓连接时,应对构件摩擦面进行加工处理。摩擦面的处理方法一般有喷砂、酸洗、砂轮打磨等几种,其中喷砂处理过的摩擦面的抗滑移系数值较高,离散率较小。

构件出厂前应按批做试件检验抗滑移系数,试件的处理方法应与构件相同,检验的最小数值应符合设计要求,并附三组试件供安装时复验抗滑移系数。

（2）构件成品的防腐涂装

钢结构构件在加工验收合格后，应进行防腐涂料涂装。但构件焊缝连接处、高强度螺栓摩擦面处不能作防腐涂装，应在现场安装完后，再补刷防腐涂料。

5. 构件成品验收

钢结构构件制作完成后，应根据《钢结构工程施工质量验收规范》及其他相关规范、规程的规定进行成品验收。钢结构构件加工制作质量验收，可按相应的钢结构制作工程或钢结构安装工程检验批的划分原则划分为一个或若干个检验批进行。

构件出厂时，应提交产品质量证明（构件合格证）和下列技术文件：

（1）钢结构施工详图、设计更改文件、制作过程中的技术协商文件。

（2）钢材、焊接材料及高强度螺栓的质量证明书及必要的实验报告。

（3）钢零件及钢部件加工质量检验记录。

（4）高强度螺栓连接质量检验记录，包括构件摩擦面处抗滑移系数的试验报告。

（5）焊接质量检验记录。

（6）构件组装质量检验记录。

（二）钢结构连接施工

1. 焊接施工

（1）焊接方法选择

焊接是钢结构使用最主要的连接方法之一。在钢结构制作和安装领域中，广泛使用的是电弧焊。在电弧焊中又以药皮焊条、手工焊条、自动埋弧焊、半自动与自动 CO_2 气体保护焊为主。在某些特殊场合，则必须使用电渣焊。

（2）焊接工艺要点

①焊接工艺设计：确定焊接方式、焊接参数及焊条、焊丝、焊剂的规格型号等。

②焊条烘烤：焊条和粉芯焊丝使用前必须按质量要求进行烘焙，低氢型焊条经过烘焙后，应放在保温箱内随用随取。

③定位点焊：焊接结构在拼接、组装时要确定零件的准确位置，要先进行定位点焊。定位点焊的长度、厚度应由计算确定。电流要比正式焊接提高 10%～15%，定位点焊的位置应尽量避开构件的端部、边角等应力集中的地方。

④焊前预热：预热可降低热影响区冷却速度，防止焊接延迟裂纹的产生。预热区焊缝两侧，每侧宽度均应大于焊件厚度的 1.5 倍以上，且不应小于 100 mm。

⑤焊接顺序确定：一般从焊件的中心开始向四周扩展；先焊收缩量大的焊缝，后焊收缩量小的焊缝；尽量对称施焊；焊缝相交时，先焊纵向焊缝，待冷却至常温后，再焊横向焊缝；钢板较厚时分层施焊。

⑥焊后热处理：焊后热处理主要是对焊缝进行脱氢处理，以防止冷裂纹的产生。焊后热处理应在焊后立即进行，保温时间应根据板厚按每 25 mm 板厚 1 h 确定。预热及后热均可采用散发式火焰枪进行。

2. 高强度螺栓连接施工

高强度螺栓连接是目前与焊接并举的钢结构主要连接方法之一。其特点是施工方便，可拆可换，传力均匀，接头刚性好，承载能力大，疲劳强度高，螺母不易松动，结构安全可靠。

高强度螺栓从外形上可分为大六角头高强度螺栓（即扭矩形高强度螺栓）和扭剪型高强

度螺栓两种。高强度螺栓和与之配套的螺母、垫圈总称为高强度螺栓连接副。

（1）一般要求

①高强度螺栓使用前，应按有关规定对高强度螺栓的各项性能进行检验。运输过程应轻装轻卸，防止损坏。当发现包装破损、螺栓有污染等异常现象时，应用煤油清洗，按高强度螺栓验收规程进行复验，经复验扭矩系数合格后方能使用。

②工地储存高强度螺栓时，应放在干燥、通风、防雨、防潮的仓库内，并不得沾染异物。

③安装时，应按当天需用量领取，当天没有用完的螺栓，必须装回容器内，妥善保管，不得乱扔、乱放。

④安装高强度螺栓时接头摩擦面上不允许有毛刺、铁屑、油污、焊接飞溅物。摩擦面应干燥，没有结露、积霜、积雪，并不得在雨天进行安装。

⑤使用定扭矩扳手紧固高强度螺拴时，每天上班前应对定扭矩扳手进行校核，合格后方能使用。

（2）安装工艺

①一个接头上的高强度螺栓连接，应从螺栓群中部开始安装，向四周扩展，逐个拧紧。扭矩型高强度螺栓的初拧、复拧、终拧，每完成一次应涂上相应的颜色或标记，以防漏拧。

②接头如有高强度螺栓连接又有焊接连接时，应按先栓后焊的方式施工，先终拧完高强度螺栓再焊接焊缝。

③高强度螺栓应自由穿入螺栓孔内，当板层发生错孔时，允许用铰刀扩孔。扩孔时，铁屑不得掉入板层间。扩孔数量不得超过一个接头螺栓的 1/3，扩孔后的孔径不应大于 $1.2d$（d 为螺栓直径），严禁使用气割进行高强度螺栓孔的扩孔。

④一个接头多个高强度螺栓穿入方向应一致。垫圈有倒角的一侧应朝向螺栓头和螺母，螺母有圆台的一面应朝向垫圈，螺母和垫圈不应装反。

⑤高强度螺栓连接副在终拧以后，螺栓丝扣外露应为 2~3 扣，其中允许有 10% 的螺栓丝扣外露 1 扣或 4 扣。

（3）紧固方法

①大六角头高强度螺栓连接副紧固

大六角头高强度螺栓连接副一般采用扭矩法和转角法紧固。

扭矩法：使用可直接显示扭矩值的专用扳手，分初拧和终拧二次拧紧。初拧扭矩为终拧扭矩的 60%~80%，其目的是通过初拧，使接头各层钢板达到充分密贴，终拧扭矩把螺栓拧紧。

转角法：根据构件紧密接触后，螺母的旋转角度与螺栓的预拉力成正比的关系确定的一种方法，操作时分初拧和终拧两次施拧。初拧可用短扳手将螺母拧至附件靠拢，并作标记。终拧用长扳手将螺母从标记位置拧至规定的终拧位置。转动角度的大小在施工前由试验确定。

②扭剪型高强度螺栓紧固

扭剪型高强度螺栓有一特制尾部，采用带有两个套筒的专用电动扳手紧固。紧固时用专用扳手的两个套筒分别套住螺母和螺栓尾部的梅花头，接通电源后，两个套筒按反向旋转，拧断尾部后即达相应的扭矩值。一般用定扭矩扳手初拧，用专用电动扳手终拧。

（三）多层及高层钢结构安装

1. 安装顺序

一般钢结构标准单元施工顺序如图 7-1 所示。

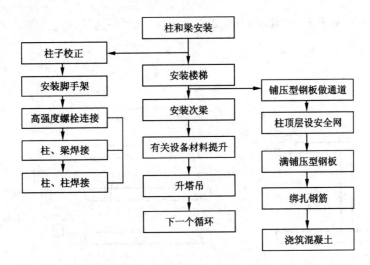

图 7 - 1 钢结构标准单元施工顺序

多高层建筑钢结构安装前，应根据安装流水段和构件安装顺序，编制构件安装顺序表。表中应注明每一构件的节点型号、连接件的规格数量、高强度螺栓规格数量、栓接数量及焊接量、焊接形式等。构件从成品检验、运输、现场核对、安装、校正到安装后的质量检查，应统一使用该安装顺序表。

2. 构件吊点设置与起吊

（1）钢柱

平运 2 点起吊，安装 1 点立吊。立吊时，需在柱子根部垫上垫木，以回转法起吊，严禁根部拖地。吊装 H 型钢柱、箱形柱时，可利用其接头耳扳作吊环，配以相应的吊索、吊架和销钉。钢柱起吊如图 7 - 2 所示。

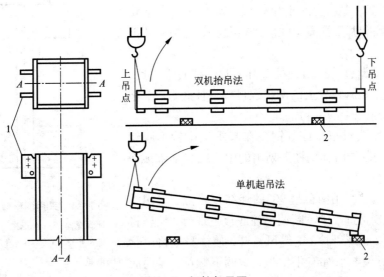

图 7 - 2 钢柱起吊图

（2）钢梁

距梁端500 mm处开孔，用特制卡具2点平吊，次梁可三层串吊，如图7-3所示。

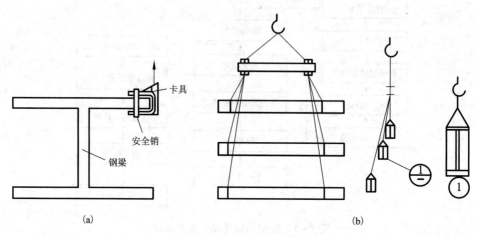

图7-3 钢梁起吊图

（3）组合件

因组合件形状、尺寸不同，可计算重心确定吊点，采用2点吊、3点吊或4点吊。不易计算者，可在力口设倒链协助找重心，构件平衡后起吊。

（4）零件及附件

钢构件的零件及附件应随构件一并起吊。尺寸较大、重量较重的节点板、钢柱上的爬梯、大梁上的轻便走道等，应牢固固定在构件上。

3.构件安装与校正

（1）钢柱安装与校正

1）首节钢柱的安装与校正。

安装前，应对建筑物的定位轴线、首节柱的安装位置、基础的标高和基础混凝土强度进行复检，合格后才能进行安装。

①柱顶标高调整。根据钢柱实际长度、柱底平整度，利用柱子底板下地脚螺栓上的调整螺母调整柱底标高，精确控制柱顶标高（见图7-4）。

②纵横十字线对正。首节钢柱在起重机吊钩不脱钩的情况下，利用制作时在钢柱上划出的中心线与基础顶面十字线对正就位。

③垂直度调整。用两台呈90°的经纬仪投点，采用缆风法校正。在校正过程中不断调整柱底板下螺母，校毕将柱底板上面的2个螺母拧上，缆风松开，使柱身呈自由状态，再用经纬仪复核。如有小偏差，微调下螺母，无误后将上螺母拧紧。柱底板与基础面间预留的空隙，用无收缩砂浆以捻浆法垫实。

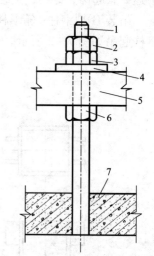

图7-4 采用调整螺母控制标高

1—地脚螺栓；2—止退螺母；3—紧固螺母；
4—螺母垫圈；5—柱子底板；6—调整螺母；
7—钢筋混凝土基础

2) 上节钢柱安装与校正。

上节钢柱安装时,利用柱身中心线就位,为使上下柱不出现错口,尽量做到上、下柱定位轴线重合。上节钢柱就位后,理论上按照先调整标高,再调整位移,最后调整垂直度的顺序校正。

校正时,可采用缆风法校正法或无缆风校正法。目前多采用无缆风校正法(见图7-5),即利用塔吊、钢模、垫板、撬棍以及千斤顶等工具,在钢柱呈自由状态下进行校正。

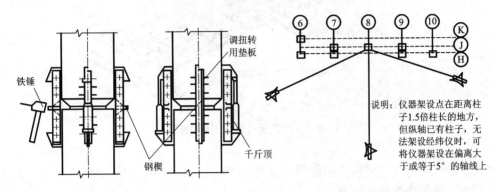

图7-5　无缆风校正法

(2) 钢梁的安装与校正

①钢梁安装时,同一列柱,应先从中间跨开始对称地向两端扩展;同一跨钢梁,宜先安上层梁再安中下层梁。

②在安装和校正柱与柱之间的主梁时,可先把柱子撑开,跟踪测量二校正,预留接头焊接收缩量,这时柱产生的内力,在焊接完毕焊缝收缩后也就消失了。

③一节柱的各层梁安装好后,应先焊上层主梁后焊下层主梁,以使框架稳固,便于施工。一节柱的竖向焊接顺序是:上层主梁——下层主梁——中层主梁——上柱与下柱焊接。

4. 楼层压型钢板安装

多高层钢结构楼板,一般多采用压型钢板与混凝土叠合层组合而成(见图7-6)。

一节柱的各层梁安装校正后,应立即安装本节柱范围内的各层楼梯,并铺好各层楼面的压型钢板,进行叠合楼板施工。

楼层压型钢板安装工艺流程是:弹线——清板——吊运——布板——切割——压合——侧焊——端焊——封堵——验收——栓钉焊接。

(1) 压型钢板安装铺设

①在铺板区弹出钢梁的中心线。

②将压型钢板分层分区按料单清理、编号,并运至施工指定部位。

③用专用软吊索吊运。吊运时,应保证压型钢板板材整体不变形、局部不卷边。

④按设计要求铺设。压型钢板铺设应平整、顺直、波纹对正,设置位置正确;压型钢板与钢梁的锚固支承长度应符合设计要求,且不应小于50 mm。

⑤采用等离子切割机或剪扳钳裁剪边角。裁减放线时,富余量应控制在5 mm范围内。

⑥压型钢板固定。压型钢板与压型钢板侧板间连接采用咬口钳压合,使单片压型钢板间

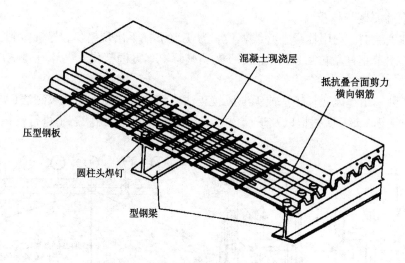

图 7-6 压型钢板与混凝土叠合层构造

连成整板，然后用点焊将整板侧边及两端头与钢梁固定，最后采用栓钉固定。为了浇筑混凝土时不漏浆，端部肋作封端处理。

（2）栓钉焊接

焊接时，先将焊接用的电源及制动器接上，把栓钉插入焊枪的长口，焊钉下端置入母材上面的瓷环内。按焊枪电钮，栓钉被提升，在瓷环内产生电弧，在电弧发生后规定的时间内，用适当的速度将栓钉插入母材的融池内。焊完后，立即除去瓷环，并在焊缝的周围去掉边，检查焊钉焊接部位。栓钉焊接工序如图 7-7 所示。

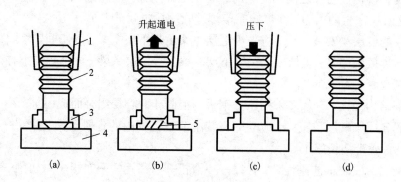

图 7-7 栓钉焊接工序
(a)焊接准备；(b)引弧；(c)焊接；(d)焊后清理
1—焊枪；2—栓钉；3—瓷环；4—母材；5—电弧

（四）钢结构涂装施工

根据钢结构所处的环境及工作性能采取相应的防腐与防火措施，是钢结构设计与施工的重要内容。目前国内外主要采用涂料涂装的方法进行钢结构的防腐与防火。

1.钢结构防腐涂装施工

（1）防腐涂装方法

钢结构防腐涂装，常用的施工方法有刷涂法和喷涂法两种。刷涂法应用较广泛，适宜于油性基料刷涂。喷涂法施工工效高，适合于大面积施工，对于快干和挥发性强的涂料尤为适合。

（2）防腐涂装质量要求

①涂料、涂装遍数、涂层厚度均应符合设计要求。当设计对涂层厚度无要求时，涂层干漆膜总厚度为：室外 150 μm，室内 125 μm，其允许偏差为 −25 μm。每遍涂层干漆膜厚度的允许偏差为 −5 μm。

②配制好的涂料不宜存放过久，涂料应在使用的当天配制。稀释剂的使用应按说明规定执行，不得随意添加。

③涂装时的环境温度和相对湿度应符合涂料产品说明书的要求，当产品说明书无要求时，环境温度宜在 5～38℃ 之间，相对湿度不应大于 85%。涂装时构件表面不应有结露；涂装后 4 h 内应保护免受雨淋。

④施工图中注明不涂装的部位不得涂装。焊缝处、高强度螺栓摩擦面处，暂不涂装，现场安装完后，再对焊缝及高强度螺栓接头处补刷防腐涂料。

⑤涂装应均匀。无明显起皱、流挂、针眼和气泡等，附着应良好。

⑥涂装完毕后，应在构件上标注构件的编号。大型构件应标明其重量、构件重心位定位标记。

2. 钢结构防火涂装施工

（1）防火涂料涂装的一般规定

①防火涂料的涂装，应在钢结构安装就位，并经验收合格后进行。

②钢结构防火涂料涂装前钢材表面应除锈，并根据设计要求涂装防腐底漆。防腐底漆与防火涂料不应发生化学反应。

③防火涂料涂装基层不应有油污、灰尘和泥砂等污垢。钢构件连接处 4～12 mm 宽的缝隙应采用防火涂料或其他防火材料，填补堵平。

④对大多数防火涂料而言，施工过程中和涂层干燥固化前，环境温度宜保持在 5～38℃ 之间，相对湿度不应大于 85%，空气流动。涂装时构件表面不应有结露，涂装后 4 h 内应保护免受雨淋。

（2）厚涂型防火涂料涂装

1）施工方法与机具

厚涂型防火涂料一般采用喷涂施工。机具为压送式喷涂机或挤压泵，配备自动调压的 0.6～0.9 m³/min 空压机，喷枪口径为 6～12 mm，空气压力为 0.4～0.6 MPa。局部修补可采用抹灰刀等工具手工抹涂。

2）涂料的搅拌与配置

①由工厂制造好的单组分湿涂料，现场应采用便携式搅拌器搅拌均匀。

②由工厂提供的干粉料，现场加水或用其他稀释剂调配，应按涂料说明书规定配比混合搅拌，边配边用。

③由工厂提供的双组分涂料，按配制涂料说明规定的配比混合搅拌，边配边用。特别是化学固化干燥的涂料，配制的涂料必须在规定的时间内用完。

④搅拌和调配涂料，使稠度适宜，即能在输送管道中畅通流动，喷涂后又不会流淌和下坠。

3）施工操作

①喷涂应分 2~5 次完成，第一次喷涂以基本盖住钢材表面即可，以后每次喷涂厚度为 5~10 mm，一般以 7 mm 左右为宜。通常情况下，每天喷涂一遍即可。

②喷涂时，应注意移动速度，不能在同一位置久留，以免造成涂料堆积流淌；配料及往挤压泵加料应连续进行，不得停顿。

③施工过程中，应采用测厚针检测涂层厚度，直到符合设计规定的厚度，方可停止喷涂。

④喷涂后的涂层要适当维修，对明显的乳突，应采用抹灰刀等工具剔除，以确保涂层表面均匀。

（3）薄涂型防火涂料涂装

1）施工方法与机具

①喷涂底层、主涂层涂料，宜采用重力（或喷斗）式喷枪，配备自动调压的 0.6~0.9 m³/min 的空压机。喷嘴直径为 4~6 mm，空气压力为 0.4~0.6 MPa。

②面层装饰涂料，一般采用喷涂施工，也可以采用刷涂或滚涂的方法。喷涂时，应将喷涂底层的喷嘴直径换为 1~2 mm，空气压力调为 0.4 MPa。

③局部修补或小面积施工，可采用抹灰刀等工具手工抹涂。

2）施工操作

①底层及主涂层一般应喷 2~3 遍，每遍间隔 4~24 h，待前遍基本干燥后再喷后一遍。头遍喷涂以盖住基底面 70% 即可，二、三遍喷涂每遍厚度不超过 2.5 mm 为宜。施工过程中应采用测厚针检测涂层厚度，确保各部位涂层达到设计规定的厚度。

②面层涂料一般涂饰 1~2 遍。若头遍从左至右喷涂，二遍则应从右至左喷涂，以确保全部覆盖住下部主涂层。

（五）钢结构的质量要求与施工安全

1. 钢结构常见的质量通病原因及其预防

（1）构件运输、堆放变形

构件制作时因焊接而产生变形和构件在运输过程中因碰撞会产生变形，一般用千斤顶或其他工具校正或辅以氧乙炔火焰烘烤后校正。

（2）构件拼装扭曲

节点型钢不吻合，缝隙过大，拼接工艺不合理。节点处型钢不吻合，应用氧乙炔火焰烘烤或用杠杆加压方法调直。拼装构件一般应设拼装工作台，如在现场拼装，则应放在较坚硬的场地上并用水平仪找平，拼装时构件全长应拉通线，并在构件有代表性的点上用水平尺找平，符合设计尺寸后用电焊固定，构件翻身后也应进行找平，否则构件焊接后无法校正。

（3）构件起拱或制作尺寸不准确

构件尺寸不符合设计要求或起拱数值偏小。构件拼装时按规定起拱，构件尺寸应在允许偏差范围内。

（4）钢柱、钢屋架、钢吊车梁垂直偏差过大

在制作或安装过程中，误差过大或产生较大的侧向弯曲。制作时检查构件几何尺寸，吊装时按照合理的工艺吊装，吊装后应加设临时支撑。

2. 钢结构的质量要求

（1）钢结构的制作质量要求

①在进行钢结构制作之前,应对各种型钢进行检验,以确保钢材的型号符合设计要求。

②受拉杆件的长细比不得超过250。

③若杆件用角钢制作时,宜采用肢宽而薄的角钢,以增大回转半径。

④一榀屋架内,不得选肢宽相同而厚度不同的角钢。

⑤钢结构所用的钢材,型号规格尽量统一,以便于下料。

⑥钢材的表面,应彻底除锈,去油污,且不得出现伤痕。

⑦采用焊接的钢结构,其焊缝质量的检查数量和检查方法,应按规范进行。

⑧焊接的焊缝表面的焊波应均匀,且不得有裂缝、焊瘤、夹渣、弧坑、烧穿和气孔等现象。

⑨桁架各个杆件的轴线必须在同一平面内,且各个轴线都为直线,相交于节点的中心。

⑩荷载都作用在节点上。

(2)钢结构的安装质量要求

①各节点应符合设计要求,传力可靠。

②各杆件的重心线应与设计图中的几何轴线重合,以避免各杆件出现偏心受力。

③腹杆的端部应尽量靠近弦杆,以增加桁架外的刚度。

④截断角钢,宜采用垂直于杆件轴线直切。

⑤在装卸、运输和堆放的过程中,均不得损坏杆件,并防止其变形。

⑥扩大扩装时,应作强度和稳定性验算。

⑦为了使两个角钢组成的"T"形或"十"字形截面杆件共同工作,在两个角钢之间,每隔一定的距离应焊上一块钢板。

⑧对钢结构的各个连接头,在经过检查合格后,方可紧固和焊接。

⑨用螺栓连接时,其外露丝扣不应少于2~3扣,以防止在振动作用下,发生丝扣松动。

⑩采用高强螺栓组接时,必须当天拧紧完毕,外露丝扣不得少于两扣。对欠拧、漏打的,除用小锤逐个检查探紧外,还要用小锤划缝,以免松动。

3.钢结构施工的安全措施

(1)钢结构制作的安全要求

①进人施工现场的操作者和生产管理人员均应穿戴好劳动防护用品,按规程要求操作。

②对操作人员进行安全学习和安全教育,特殊工种必须持证上岗。

③为了便于钢结构的制作和操作者的操作活动,构件宜在一定高度上测量。装配组装胎架、焊接胎架、各种搁置架等,均应与地面离开0.4~1.2 m。

④构件的堆放、搁置应十分稳固,必要时应设置支撑或定位,构件堆垛不得超过二层。

⑤索具、吊具要定时检查,不得超过额定荷载,正常磨损的钢丝绳应按规定更换。

⑥所有钢结构制作中各种胎具的制造和安装,均应进行强度计算,不能仅凭经验估算。

⑦生产过程中所使用的氧气、乙炔、丙烷、电源等必须有安全防护措施,并定期检测泄漏和接地情况。

⑧对施工现场的危险源应做出相应的标志、信号、警戒等,操作人员必须严格遵守各岗位的安全操作规程,以避免意外伤害。

⑨构件起吊应听从一个人的指挥。构件移动时,移动区域内不得有人滞留和通过。所有制作场地的安全通道必须畅通。

（2）钢结构安装工程安全技术

①高空安装作业时，应戴好安全带，并应对使用的脚手架或吊架等进行检查，确认安全后方可施工。操作人员需要在水平钢梁上行走时，安全带要挂在钢梁上设置的安全绳上，安全绳的立杆钢管必须与钢梁连接牢固。

②高空操作人员携带的手动工具、螺栓、焊条等小件物品，必须放在工具袋内，互相传递要用绳子，不准扔掷。

③凡是附在柱、梁上的爬梯、走道、操作平台、高空作业吊篮、临时脚手架等，要与钢构件连接牢固。

④构件安装后，必须检查连接质量，无误后才能摘钩或拆除临时固定。

⑤风力大于 5 级，雨、雪期和构件有积雪、结冰、积水时，应停止高空钢结构的安装作业。

⑥高层建筑钢结构安装时，应按规定在建筑物外侧搭设水平和垂直安全网。

⑦构件吊装时，要采取必要措施防止起重机倾翻。

⑧使用塔式起重机或长吊杆的其他类型起重机时，应有避雷防触电设施。

⑨各种用电设备要有接地装置，地线和电力用具的电阻不得大于 4Ω。各种用电设备和电缆（特别是焊机电缆），要经常进行检查，保证绝缘良好。

（3）钢结构涂装工程安全技术

①防腐涂装安全技术

钢结构防腐涂料的溶剂和稀释剂大多为易燃品，大部分有不同程度的毒性，且当防腐涂料中的溶剂与空气混合达到一定比例时，一遇火源（往往不是明火）即发生爆炸，为此应重视钢结构防腐涂装施工中的防火、防暴、防毒工作。

②防火涂装安全技术

防火涂装施工中，应注意溶剂型涂料施工的防火安全，现场必须配备消防器材，严禁现场明火、吸烟。

施工中应注意操作人员的安全保护。施工人员应戴安全帽、口罩、手套和防尘眼镜，并严格执行机械设备安全操作规程。

防火涂料应储存在阴凉的仓库内，仓库温度不宜高于 35℃，不应低于 5℃，严禁露天存放、日晒雨淋。

模块八　装饰工程施工顶岗实习

一、装饰工程施工顶岗实习任务

（一）顶岗实习目的

装饰工程是建筑工程项目施工中的一个主要施工内容，是整个施工项目不可缺少的重要组成部分。通过顶岗实习，可以使学生的基础知识、专业知识得到全面贯通，并进一步加深对所学知识的理解，以期使理论知识与实际工程相结合，逐步具备独立完成岗位工作以解决工程实际问题的能力。

（1）掌握装饰工程的施工技术和组织管理工作。包括：施工准备、技术选择、材料应用、检测保管、计量计价、内业资料等相关工作，以及工程质量验收与评定、施工安全措施等相关知识。

（2）能够应用所学的专业知识和技能，在建设生产一线处理好与装饰工程施工有关的技术及管理问题，具备顶岗工作能力。

（二）实习内容

顶岗实习的重点内容是装饰工程施工的技术和管理工作。主要参考以下方面：

（1）装饰工程施工前的准备工作；

（2）装饰工程施工中的测量控制；

（3）装饰工程施工中的技术管理和技术措施；

（4）装饰工程材料的检查、验收与管理工作；

（5）装饰工程施工质量的检查、评定和验收工作；

（6）与装饰工程相关的安全技术与措施；

（7）装饰工程施工造价管理工作；

（8）装饰工程施工内业资料的整理。

二、装饰工程施工顶岗实习指导

装饰工程施工顶岗实习主要训练学生在真实工程环境中综合运用所学知识解决具体问题的能力。重点在于培养学生的专业技术能力，同时训练学生的社会能力和方法能力。由于装饰工程施工所包含的范围甚广、内容繁杂，而实习时又往往只遇见其中少数几种。因此，我们仅挑选抹灰工程施工、外墙贴面及门窗安装三个常见的装饰工程施工项目重点指导，如遇其他施工项目，可自行查阅参考资料。

（一）抹灰工程施工

1. 施工准备

（1）主要材料和机具

①石灰膏：应用块状生石灰淋制，必须用孔经不大于 3 mm×3 mm 的筛过滤，并贮存在沉淀池中。熟化时间，常温下一般不少于 15 d；用于罩面灰时，不应少于 30 d。使用时，石灰膏内不得含有未熟化的颗粒和其他杂质。

②磨细生石灰粉：其细度应通过4900孔/cm²筛，用前应用水浸泡使其充分熟化，其熟化时间应为3d以上。

③水泥：325号矿渣水泥和普通硅酸盐水泥。应有出厂证明或复试单，出厂超过三个月后，按试验结果使用。

④砂：中砂，平均粒径为0.35~0.5 mm，使用前应过5 mm孔径的筛子，且不得含有杂质。

⑤纸筋：使用前应用水浸透、捣烂，并应洁净，罩面纸筋宜用机碾磨细。稻草、麦秸应坚韧、干燥，不含杂质，其长度不应大于30 mm。稻草、麦秸应经石灰浆浸泡处理。

⑥麻刀：要求柔软，干燥，敲打松散，不含杂质，长度10~30 mm，在使用前4~5 d用石灰膏调好(也可用合成纤维)。

⑦主要机具：砂浆搅拌机、平锹、筛子(孔径5 mm)、窄手推车、大桶、灰勺、2.5 m大杠、1.5 m中杠、2 m靠尺板、线坠、钢卷尺、方尺、托灰板、铁抹子、木抹子、塑料袜子、八字靠尺、5~7 mm厚方口靠尺、阴阳角抹子、长舌铁抹子、铁水平、长毛刷、排笔、笤帚、喷壶、胶皮水管、小水桶、小白线、托线板、工具袋等。

(2)作业条件

①必须经过有关部门进行结构工程的验收，合格后方可进行抹灰工程。

②抹灰前应检查门窗框安装位置是否正确，与墙体连接是否牢固。连接处缝隙用1:3水泥砂浆或1:1:6水泥混合砂浆分层嵌塞密实，若缝隙较大时，应在砂浆中掺少量麻刀嵌塞，使其塞缝密实，木门框需设铁皮保护。

③将过梁、梁垫、圈梁及组合柱表面凸出部分混凝土剔平。对蜂窝、麻面、露筋等应剔到实处，刷素水泥浆一道(内掺水重10%的107胶)，紧跟用1:3水泥砂浆分层补平；脚手眼应堵严，外露钢筋头、铅丝头等要剔除，窗台砖应补齐；内隔墙与楼板、梁底等交接处应用斜砖砌严。

④管道穿越墙洞、楼板洞应及时安放套管，并用1:3水泥砂浆或细石混凝土填嵌密实；电线管、消火栓箱、配电箱安装完毕，并将背后露明部分钉好铅丝网；接线盒用纸堵严。

⑤壁柜门框及其木制配件安装完毕；窗帘钩、通风篦子、吊柜及其他预埋铁件位置和标高准确无误，并刷好防腐、防锈涂料。

⑥砖墙基层表面的灰尘、污垢和油渍等应清除干净，并浇水湿润。

⑦根据室内高度和抹灰现场的具体情况，提前准备好抹灰高凳或脚手架，架子应离开墙面及墙角200~250 mm，以利操作。

⑧室内大面积施工前应制定施工方案，先做样板间，经鉴定合格后再大面积施工。

⑨屋面防水工程完工前进行室内抹灰时，必须采取防护措施。

2.操作工艺

(1)工艺流程

墙面浇水──吊垂直抹灰饼──抹水泥踢脚或墙裙──做护角──抹窗台──墙面充筋──抹砂子灰──抹罩面灰。

(2)墙面浇水：抹灰前一天，应用胶皮管自上而下地浇水湿润。

(3)一般抹灰按质量要求分为普通、中级和高级三级，室内砖墙抹灰层的平均总厚度，不得大于下列规定：普通抹灰(18 mm)、中级抹灰(20 mm)、高级抹灰(25 mm)。

（4）根据设计图纸要求的抹灰质量等级，按基层表面平整垂直情况，进行吊垂直、套方、找规矩，经检查后确定抹灰厚度，但最少不应小于 7 mm。墙面凹度较大时要分层衬平（石灰砂浆和水泥混合砂浆每层厚度宜为 7 ~ 9 mm），操作时先抹上灰饼再抹下灰饼，抹灰饼时要根据室内抹灰的要求（分清抹踢脚板还是水泥墙裙），以确定下灰饼的正确位置，用靠尺板找好垂直与平整。灰饼宜用 1:3 水泥砂浆抹成 5 cm 见方形状。

（5）抹水泥踢脚板（或水泥墙裙）：用清水将墙面浇透，尘土、污物冲洗干净，根据已抹好的灰饼充筋（此筋应冲得宽一些，8 ~ 10 cm 为宜，因此筋即为抹踢脚或墙裙的依据，同时也是抹石灰砂浆墙面的依据），填档子，抹底灰一般采用 1:3 水泥砂浆，抹好后用大杠刮平。木抹子搓毛，常温第二天便可抹面层砂浆。面层灰用 1:2.5 水泥砂浆压光。墙裙及踢脚抹好后，一般应凸出石灰墙面 5 ~ 7 mm，但也有的做法与石灰墙面一平或凹进石灰墙面的，应按设计要求施工（水泥砂浆墙裙同此作法）。

（6）做水泥护角：室内墙面的阳角、柱面的阳角和门窗洞口的阳角，应用 1:3 水泥砂浆打底与所抹灰饼找平，待砂浆稍干后，再用 107 胶素水泥膏抹成小圆角；或用 1:2 水泥细砂浆做明护角（比底灰高 2 mm，应与石灰罩面齐平），其高度不应低于 2 m，每侧宽度不小于 5 cm。门窗口护角做完后，应及时用清水刷洗门窗框上的水泥浆。

（7）抹水泥窗台板：先将窗台基层清理干净，松动的砖要重新砌筑好。砖缝划深，用水浇透，然后用 1:2:3 细石混凝土铺实，厚度大于 2.5 cm。次日，刷掺水重 10% 的 107 胶素水泥浆一道，紧跟抹 1:2.5 水泥砂浆面层，待面层颜色开始变白时，浇水养护 2 ~ 3 d。窗台板下口抹灰要平直，不得有毛刺。

（8）墙面冲筋：用与抹灰层相同砂浆冲筋，冲筋的根数应根据房间的宽度或高度决定，一般筋宽为 5 cm，可冲横筋也可充立筋，根据施工操作习惯而定。

（9）抹底灰：一般情况下冲完筋 2 h 左右就可以抹底灰，抹灰时先薄薄地刮一层，接着分层装档、找平，再用大杠垂直、水平刮找一遍，用木抹子搓毛。然后全面检查底子灰是否平整，阴阳角是否方正，管道处灰是否抹齐，墙与顶交接是否光滑平整，并用托线板检查墙面的垂直与平整情况。抹灰后应及时将散落的砂浆清理干净。

（10）修抹预留孔洞、电气箱、槽、盒：当底灰抹平后，应即设专人把预留孔洞、电气箱、槽、盒周边 5 cm 的石灰砂浆刮掉，改抹 1:1:4 水泥混合砂浆，把洞、箱、槽、盒周边抹光滑、平整。

（11）抹罩面灰：当底灰六、七成干时，即可开始抹罩面灰（如底灰过干应浇水湿润）。罩面灰应二遍成活，厚度约 2 mm，最好两人同时操作，一人先薄薄刮一遍，另一人随即抹平。按先上后下顺序进行，再赶光压实，然后用铁抹子压一遍，最后用塑料抹子压光，随后用毛刷蘸水将罩面灰污染处清刷干净。

3. 质量标准

参见《建筑装饰装修工程施工质量验收规范》。

4. 成品保护

（1）抹灰前必须事先把门窗框与墙连接处的缝隙用水泥砂浆嵌塞密实（铝合金门窗框应留出一定间隙填塞嵌缝材料，其嵌缝材料由设计确定），门口钉设铁皮或木板保护。

（2）要及时清扫干净残留在门窗框上的砂浆，铝合金门窗框必须有保护膜，并保持到快竣工需清擦玻璃时为止。

（3）推小车或搬运东西时，要注意不要损坏口角和墙面。抹灰用的大杠和铁锹把不要靠在墙上。严禁蹬踩窗台，防止损坏其棱角。

（4）拆除脚手架要轻拆轻放，拆除后材料码放整齐，不要撞坏门窗、墙角和口角。

（5）要保护好墙上的预埋件、窗帘钩、通风篦子等。墙上的电线槽盒、水暖设备预留洞等不要随意抹死。

（6）抹灰层凝结前，应防止快干、水冲、撞击、振动和挤压，以保证灰层有足够的强度。

（7）要注意保护好楼地面面层，不得直接在楼地面上拌灰。

5. 应注意的质量问题

（1）门窗洞口、墙面、踢脚板、墙裙上口等抹灰空鼓裂缝

①门窗框两边塞灰不严，墙体预埋件木砖间距过大或木砖松动，经开关振动，将门窗框两边的灰震裂、震空。故应重视门窗框塞缝工序，应设专人负责。

②基层清理不干净或处理不当，墙面浇水不透，抹灰后砂浆中的水分很快被基层（或底灰）吸收，影响黏结力，应认真清理和提前浇水，使水渗入砖墙里面达 8～10 mm 即可达到要求。

③基层偏差较大，一次抹灰过厚，干缩产生裂缝，应分层衬平，每层厚度为 7～9 mm。

④配制砂浆和原材料质量不符合要求，应根据不同基层采用不同的配合比配制所需的砂浆，同时要加强对原材料和抹灰部位配合比的管理。

（2）抹灰面层有起泡、抹纹、爆灰、开花

①抹完罩面灰后，压光跟得太紧，灰浆没有收水，故压光后多余的水汽化后产生起泡现象。

②底灰过分干燥，因此要浇透水。不然抹罩面灰后，水分很快被底灰吸收，故压光时容易出现漏压或压光困难；若浇的浮水过多，抹罩面灰后，水浮在灰层表面，压光后易出现抹纹。

③使用磨细生石灰粉时，对欠火灰、过火灰颗粒及杂质没彻底过滤，灰粉熟化时间不够，灰膏中存有未熟化的颗粒，抹灰后遇水或潮湿空气就继续熟化、体积膨胀，造成抹灰层的爆裂，出现开花。

④抹灰面不平，阴阳角不垂直、不方正：抹灰前应认真挂线，做灰饼和冲筋，阴阳角处亦要冲筋、顺杠、找规矩。

⑤踢脚板、水泥墙裙、窗台板等上口出墙厚度不一致，上口毛刺和口角不方正：操作时应认真，按规范要求吊垂直，拉线找直、找方，对上口的处理，应待大面抹完后，及时返尺把上口抹平、压光，取走靠尺后用阳角抿子，将角擦成小圆。

⑥接顶、接地阴角处不顺直：抹灰时没有横竖刮杠，为保证阴角的顺直，必须用横杠检查底灰是否平整，修整后方可罩面。

6. 质量记录

参见《建筑工程技术资料管理》 郑伟 许博 中南大学出版社

（二）室外贴面砖施工

1. 施工准备

（1）材料要求

①水泥：325 号矿渣水泥或普通硅酸盐水泥。应有出厂证明或复试单，若出厂超过三个

月，应按试验结果使用。

②白水泥：325 号白水泥。

③砂子：粗砂或中砂，用前过筛。

④面砖：面砖的表面应光洁、方正、平整，质地坚固，其品种、规格、尺寸、色泽、图案应均匀一致，必须符合设计规定。不得有缺楞、掉角、暗痕和裂纹等缺陷。其性能指标均应符合现行国家标准的规定，釉面砖的吸水率不得大于 10%。

⑤石灰膏：应用块状生石灰淋制，淋制时必须用孔径不大于 3 mm×3 mm 的筛过滤，并贮存在沉淀池中。熟化时间，常温下一般不少于 15 d，用于罩面时，不应少于 30 d。使用时，石灰膏内不得含有未熟化的颗粒和其他杂质。

⑥粉煤灰：细度过 0.08 mm 方孔筛，筛余量不大于 5%。

⑦107 胶和矿物颜料等。

（2）主要机具

磅秤、铁板、孔径 5 mm 筛子、窗纱筛子、手推车、大桶、小水桶、平锹、木抹子、铁抹子、大杠、中杠、小杠、靠尺、方尺、水平尺、灰勺、米厘条、毛刷、钢丝刷、笤帚、錾子、小白线、擦布或棉丝、钢片开刀、小灰铲、手提电动小圆锯、勾缝溜子、勾缝托灰板、托线板、线坠、盒尺、红铅笔、铅丝、工具袋等。

（3）作业条件

① 外架子（高层多用吊篮或吊架）应提前支搭和安设好，多层房屋最好选用双排架子或桥架，其横竖杆及拉杆等应离开墙面和门窗口角 150～200 mm。架子的步高和支搭要符合施工要求和安全操作规程。

② 阳台栏杆、预留孔洞及排水管等应处理完毕，门窗框扇要固定好，并用 1∶3 水泥砂浆将缝隙堵塞严实，铝合金门窗框边缝所用嵌塞材料应符合设计要求，且应塞堵密实，并事先黏贴好保护膜。

③墙面基层清理干净，脚手眼、窗台、窗套等事先砌堵好。

④按面砖的尺寸、颜色进行选砖，并分类存放备用。

⑤大面积施工前应先放大样，并做出样板墙，确定施工工艺及操作要点，并向施工人员做好交底工作。样板墙完成后必须经质检部门鉴定合格后，还要经过设计、甲方和施工单位共同认定，方可组织班组按照样板墙要求施工。

2.操作工艺

（1）工艺流程

基层处理──→吊垂直、套方、找规矩──→贴灰饼──→抹底层砂浆──→弹线分格──→排砖──→浸砖──→镶贴面砖──→面砖勾缝与擦缝

（2）基层为混凝土墙面时的操作方法

①基层处理：首先将凸出墙面的混凝土剔平，对大钢模施工的混凝土墙面应凿毛，并用钢丝刷满刷一遍，再浇水湿润。如果基层混凝土表面很光滑时，亦可采取如下的"毛化处理"办法，即先将表面尘土、污垢清扫干净，用 10% 火碱水将板面的油污刷掉，随之用净水将碱液冲净、晾干，然后用 1∶1 水泥细砂浆内掺水重 20% 的 107 胶，喷或用笤帚将砂浆甩到墙上，其甩点要均匀，终凝后浇水养护，直至水泥砂浆疙瘩全部黏到混凝土光面上，并有较高的强度（用手搬不动）为止。

②吊垂直、套方、找规矩、贴灰饼：若建筑物为高层时，应在四大角和门窗口边用经纬仪打垂直线找直；如果建筑物为多层时，可从顶层开始用特制的大线坠绷铁丝吊垂直，然后根据面砖的规格尺寸分层设点、做灰饼。横线则以楼层为水平基准线交圈控制，竖向线则以四周大角和通天柱或垛子为基准线控制，应全部是整砖。每层打底时则以此灰饼作为基准点进行冲筋，使其底层灰做到横平竖直。同时要注意找好突出檐口、腰线、窗台、雨篷等饰面的流水坡度和滴水线(槽)。

③抹底层砂浆：先刷一道掺水重 10% 的 107 胶水泥素浆，紧跟着分层分遍抹底层砂浆（常温时采用配合比为 1：3 水泥砂浆），第一遍厚度为 5 mm，抹后用木抹子搓平，隔天浇水养护；待第一遍六至七成干时，即可抹第二遍，厚度约 8～12 mm，随即用木杠刮平、木抹子搓毛，隔天浇水养护，若需要抹第三遍时，其操作方法同第二遍，直至把底层砂浆抹平为止。

④弹线分格：待基层灰六至七成干时，即可按图纸要求进行分段分格弹线，同时亦可进行面层贴标准点的工作，以控制面层出墙尺寸及垂直、平整。

⑤排砖：根据大样图及墙面尺寸进行横竖向排砖，以保证面砖缝隙均匀，符合设计图纸要求，注意大墙面、通天柱子和垛子要排整砖，以及在同一墙面上的横竖排列，均不得有一行以上的非整砖。非整砖行应排在次要部位，如窗间墙或阴角处等，但亦要注意一致和对称。如遇有突出的卡件，应用整砖套割吻合，不得用非整砖随意拼凑镶贴。

⑥浸砖：釉面砖和外墙面砖镶贴前，首先要将面砖清扫干净，放入净水中浸泡 2 h 以上，取出待表面晾干或擦干净后方可使用。

⑦镶贴面砖：

A. 镶贴应自上而下进行，高层建筑采取措施后，可分段进行。在每一分段或分块内的面砖，均为自下而上镶贴。从最下一层砖下皮的位置线先稳好靠尺，以此托住第一皮面砖。在面砖外皮上口拉水平通线，作为镶贴的标准。

B. 在面砖背面采用 1：2 水泥砂浆或 1：0.2：2＝水泥：白灰膏：砂的混合砂浆镶贴，砂浆厚度为 6～10 mm，贴上后用灰铲柄轻轻敲打，使之附线，再用钢片开刀调整竖缝，并用小杠通过标准点调整平面和垂直度。

C. 另外一种做法是，用 1：1 水泥砂浆加水重 20% 的 107 胶，在砖背面抹 3～4 mm 厚黏贴即可。但此种做法其基层灰必须抹得平整，而且砂子必须用窗纱筛后使用。

D. 另外也可用胶粉来黏贴面砖，其厚度为 2～3 mm，用此种做法其基层灰必须更平整。

E. 如要求釉面砖拉缝镶贴时，面砖之间的水平缝宽度用米厘条控制，米厘条用贴砖用砂浆与中层灰临时镶贴，米厘条贴在已镶贴好的面砖上口，为保证其平整，可临时加垫小木楔。

F. 女儿墙压顶、窗台、腰线等部位平面也要镶贴面砖时，除流水坡度符合设计要求外，应采取预面面砖压立面面砖的做法，预防向内渗水，引起空裂；同时还应采取立面中最低一排面砖必须压底平面面砖，并低出底平面面砖 3～5 mm 的做法，让其起滴水线(槽)的作用，防止尿檐而引起空裂。

⑧面砖勾缝与擦缝：面砖铺贴拉缝时，用 1：1 水泥砂浆勾缝，先勾水平缝再勾竖缝，勾好后要求凹进面砖外表面 2～3 mm。若横竖缝为干挤缝，或小于 3 mm 者，应用白水泥配颜料进行擦缝处理。面砖缝子勾完后，用布或棉丝蘸稀盐酸擦洗干净。

(3) 基层为砖墙面时的操作方法

①抹灰前，墙面必须清扫干净，浇水湿润。

②大墙面和四角、门窗口边弹线找规矩，必须由顶层到底一次进行，弹出垂直线，并决定面砖出墙尺寸，分层设点、做灰饼。横线则以楼层为水平基线交圈控制，竖向线则以四周大角和通天垛、柱子为基准线控制。每层打底时则以此次饼作为基准点进行冲筋，使其底层灰做到横平竖直。同时要注意找好突出檐口、腰线、窗台、雨篷等饰面的流水坡度。

③抹底层砂浆：先把墙面浇水湿润，然后用 1∶3 水泥砂浆刮一道约 6 mm 厚，紧跟着用同强度等级的灰与所冲的筋抹平，随即用木杠刮平，木抹搓毛，隔天浇水养护。

④其余同基层为混凝土墙面做法。

(4)夏期镶贴室外饰面板、饰面砖，应有防止暴晒的可靠措施

3. 质量标准

参见《建筑装饰装修工程施工质量验收规范》

4. 成品保护

(1)要及时清擦干净残留在门窗框上的砂浆，特别是铝合金门窗，框宜黏贴保护膜，预防污染、锈蚀。

(2)认真贯彻合理的施工顺序，少数工种(水、电、通风、设备安装等)的活应做在前面，防止损坏面砖。

(3)油漆粉刷不得将油浆喷滴在已完的饰面砖上，如果面砖上部为外涂料或水刷石墙面，宜先做外涂料或水刷石，然后贴面砖，以免污染墙面。若需先做面砖时，完工后必须采取贴纸或塑料薄膜等措施，防止污染。

(4)各抹灰层在凝结前应防止风干、暴晒、水冲和振动，以保证各层有足够的强度。

(5)拆架子时注意不要碰撞墙面。

(6)装饰材料和饰件以及有饰面的构件，在运输、保管和施工过程中，必须采取措施防止损坏和变质。

5. 应注意的质量问题

(1)空鼓、脱落。

①因冬季气温低，砂浆受冻，到来年春天化冻后容易发生脱落。因此在进行室外贴面砖操作时应保持正温，尽量不在冬期施工。

②基层表面偏差较大，基层处理或施工不当，如每层抹灰跟得太紧，面砖勾缝不严，又没有洒水养护，各层之间的黏结强度很差，面层就容易产生空鼓、脱落。

③砂浆配合比不准，稠度控制不好，砂子含泥量过大，在同一施工面上采用几种不同的配合比砂浆，因而产生不同的干缩，亦会空鼓。应在贴面砖砂浆中加适量107胶，增强黏结，严格按工艺操作，重视基层处理和自检工作，要逐块检查，发现空鼓的应随即返工重做。

(2)墙面不平：主要是结构施工期间，几何尺寸控制不好，造成外墙面垂直、平整偏差大，而装修前对基层处理又不够认真。应加强对基层打底工作的检查，合格后方可进行下道工序。

(3)分格缝不匀、不直：主要是施工前没有认真按照图纸尺寸，核对结构施工的实际情况，加上分段分块弹线、排砖不细，贴灰饼控制点少，以及面砖规格尺寸偏差大，施工中选砖不细，操作不当等造成。

(4)墙面脏：主要原因是勾完缝后没有及时擦净砂浆以及其他工种污染所致，可用棉丝蘸稀盐酸加 20% 水刷洗，然后用自来水冲净，同时应加强成品保护。

6.质量记录

参见《建筑工程技术资料管理》 郑伟 许博 中南大学出版社

(三)铝合金门窗安装

1.施工准备

(1)检查选用的铝合金板材及型材是否符合设计要求,规格是否齐全,表面有无划痕,有无弯曲现象,选用的材料最好一次进货,可保证规格型号统一,色彩一致。

(2)铝合金的支撑架应进行防腐、防锈处理,当铝合金板材、型材与未养护的混凝土接触时,最好涂一层沥青马蹄脂或铺一层油毡隔开。

(3)施工前应检查铝合金门窗成品及构件各部位,如发现变形,应予以矫正和修理;同时还要检查洞口标高线及几何形状、预埋件位置、间距是否符合规定,埋设是否牢固。不符合要求者,不能进行安装。

2.操作工艺

(1)工艺流程

查预留孔洞位置尺寸──→放门窗位置线──→安装门窗框──→门窗框边修整──→安装门窗扇──→清洗

(2)施工要点

①检查门窗洞口后放位置线。对于外墙面的门窗应拉通线,整体考虑其与外墙面的位置关系并保持门窗与外墙的整体协调。

②将门窗框安放到洞口中正确位置,用木楔临时定位。

③再一次仔细调整门窗框位置,使其横平、竖直、高低一致,框边四周间隙与框表面距墙体表面尺寸一致后,楔紧木楔。

④按设计规定的门窗框与墙体或预埋件连接固定方式进行焊接固定。常用的固定方式有预留洞燕尾铁脚连接、射钉连接、预埋木砖连接、膨胀螺钉连接、预埋铁件焊接连接等,如图8-1所示。

⑤门窗框安装质量检查合格后,用1:2的水泥砂浆或细石混凝土嵌填洞口与门窗框的缝隙,使门窗框牢固固定在洞内。

A.嵌填前应先把缝隙中的残留物清除干净,然后浇水湿润。

B.嵌填操作应轻巧而细致,不破坏原安装位置,应边嵌填边检查门窗框有否变形移位,如有损坏应立即改正。

C.嵌填时应注意不可污染门窗框和不嵌填部位,嵌填必须细密饱满不得有间隙,也不得松动或移动木楔,并应洒水养护。

D.在水泥砂浆未凝固前,禁止在门窗框上工作,或在其上搁置任何物品,待嵌填的水泥砂浆凝固后,方可取下木楔,并用水泥砂浆抹严框周围缝隙。

⑥在门窗框与洞口缝隙嵌填密实完工后,应进行封胶处理。密封胶表面应光滑、顺直、无裂纹。

⑦窗扇的安装:

A.质量要求:位置正确、平直,缝隙均匀、严密牢固、启闭灵活、启闭力合适、五金零配件安装位置准确,能起到各自的作用。

B.施工要点:对推拉式门窗扇,先安装室内侧门窗扇,后安装室外侧的门窗扇;对固定

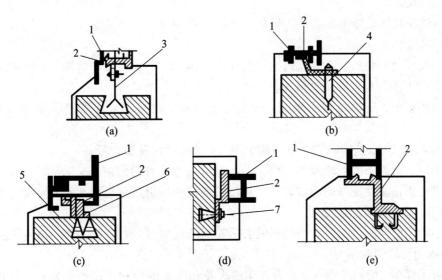

图 8 - 1 铝合金门窗常用固定方法

(a)预留洞燕尾铁脚连接；(b)射钉连接方法；(c)预埋木砖连接；(d)膨胀螺钉连接；(e)预埋铁件焊接连接
1—门窗框；2—连接铁件；3—燕尾铁脚；4—射(钢)钉；5—木砖；6—木螺钉；7—膨胀螺钉

窗扇，应装在室外侧，并固定牢固，不会脱落，确保使用安全；对平开式窗扇，应安装于门窗框内，要求门窗关闭后四周压合严密，搭接量一致，相邻两门窗在同一平面内。

⑧门窗框与墙体连接固定时应满足的要求：

A.窗框与墙体连接必须牢固，不得有任何松动现象。

B.焊接铁件应对称地排列在门窗框两侧，相邻铁件宜内外错开，连接铁件不得露出装饰层。

C.连接铁件时，应用橡胶或石棉布或石棉板遮盖门窗框，不得烧损门窗框，焊接完毕后应清除焊渣，焊接应牢固，焊缝不得有裂缝和漏焊现象，严禁在铝合金框上栓接地线或打火（引弧）。

D.固结件离墙边缘应不小于 50 mm，且不能装在缝隙中。

E.窗框与墙体连接用的预埋件连接铁件、紧固件规格和要求可参照表 8 - 1。

表 8 - 1 紧固件材料表

紧固件名称	规格/mm	材料或要求
膨胀螺钉	$\geq 8 \times L$	45#钢镀锌、纯化
自攻螺钉	$\geq 4 \times L$	15#钢 HRC ~ 58 纯化，镀锌（GB8456—1986）
钢钉、射钉	$(\phi 4 \sim \phi 5.5) \times 6$	优质钢
木螺钉	$\geq 5 \times L$	A3（GB951—1976）
预埋钢板	$\delta = 6$	A3

3. 质量标准

参见《建筑装饰装修工程施工质量验收规范》。

4. 成品保护

(1)门窗玻璃安装后,应将风钩挂好或插上插销,防止刮风损坏玻璃。并派专人看管门窗,每日定时开关门窗,以减少损坏。

(2)面积较大,造价昂贵的玻璃,应在交工验收前再安装,如需提前安装,应有保护措施。

(3)安装玻璃时,应自备脚手凳或脚手架,不要随便蹬踩窗台板。

(4)填封密封胶条或玻璃胶的门窗,应待24 h后方可开启门窗。

(5)避免用强酸性洗涤剂清洗玻璃。热反射玻璃的反射膜面若溅上碱性砂浆,要立即用水冲洗干净,以免使反射膜变质。

(6)不能用酸性洗涤剂或含研磨粉的去污粉清洗反射玻璃的反射膜面,以免在反射膜上留下伤痕或使反射膜脱落。

(7)防止焊接、切割及喷砂等作业产生的火花和飞溅的颗粒物质损伤玻璃。如焊接火花飞溅到钢化玻璃上,会使其表面产生细微的伤痕,在受到风压或振动力的作用,伤痕就逐渐扩大,一旦进入玻璃厚度中心部分的拉应力层后,会引起玻璃突然全面地破碎。

5. 应注意的质量问题

(1)玻璃切割尺寸掌握不好:没按实物去测量尺寸,裁割后不符合安装要求,过大或过小。

(2)槽口内的砂浆、杂物清理不干净:应认真把住清理关,没经检查不准装玻璃。

(3)尼龙毛条、橡胶条丢失或长度不到位:密封材料应按设计要求选用,丢失后及时补装。

(4)橡胶压条选型不妥,造成密封效果不好:密封橡胶条易在转角处脱开,应在密封条下边刷胶,使之与玻璃及框扇结合牢固。

(5)玻璃清理不净或有裂纹:玻璃安装后,及时用软布或棉丝清擦干净,达到透明、光亮,发现裂纹玻璃及时更换。

6. 质量记录

参见《建筑工程技术资料管理》 郑伟 许博 中南大学出版社

模块九　防水工程施工顶岗实习

一、防水工程施工顶岗实习任务

(一)顶岗实习目的

(1)掌握防水工程的施工技术和组织管理工作。包括：施工准备、技术选择、材料应用、材料检测、功能检测、内业资料等相关工作，以及工程质量验收与评定、施工安全措施等相关知识。

(2)能够应用所学的专业知识和技能，在建设生产一线处理好与防水工程施工有关的技术及管理问题，具备顶岗工作能力。

(二)实习内容

顶岗实习的重点内容是防水工程施工的技术和管理工作。主要参考以下方面：

(1)防水工程施工前的准备工作；

(2)防水工程施工中的技术管理和技术措施；

(3)防水工程材料的检查、验收与管理工作；

(4)防水工程施工质量的检查、评定和验收工作；

(5)与防水工程相关的安全技术与措施；

(6)防水工程功能检测与评价；

(7)防水工程施工造价管理工作；

(8)防水工程施工内业资料的整理。

二、防水工程施工顶岗实习指导

防水工程施工顶岗实习主要训练学生在真实工程环境中综合运用所学知识解决具体问题的能力。重点在于培养学生的专业技术能力，同时训练学生的社会能力和方法能力。由于防水工程施工所包含的范围甚广，按防水部位分，有地下工程防水、墙面防水、楼地面防水、屋面防水等；按使用材料分，有结构自防水、卷材防水、涂抹防水、混凝土砂浆防水等多种，在一个工程中不可能全都遇见。因此，我们仅挑选地下改性沥青卷材防水、厕、浴间涂膜防水、屋面刚性防水三个常见的防水工程施工项目重点指导。如遇其他施工项目，可自行查阅参考资料。

(一)地下改性沥青卷材(SBS)防水

1.施工准备

(1)材料及要求

①高聚物改性沥青油毡防水卷材

②规格：见表9-1。

表9-1 高聚物改性沥青油毡防水卷材规格

厚度/mm	宽度/mm	长度/m
2.0	≥1000	20
3.0	≥1000	10
4.0	≥1000	10
5.0	≥1000	10

③技术性能：见表9-2。

表9-2 高聚物改性沥青油毡防水卷材技术性能

测量项目		指　　标			
		聚酯胎	麻布胎	聚乙烯胎	玻纤胎
拉力	/N	≥400	≥500	≥50	≥200
延伸率	/%	≥30	≥5	≥200	≥50
耐热度		85℃受热2h不流淌,涂盖层无滑动			
低温柔性		-15℃绕规定直径圆棒,无裂纹			
不透水性	压力/保持时间	0.2MPa/30min			

（2）配套材料

①氯丁橡胶沥青胶黏剂：氯丁橡胶加入沥青及溶剂配制而成的黑色液体，用于油毡接缝的黏结。

②橡胶沥青乳液：用于卷材黏结。

③橡胶沥青嵌缝膏：用于特殊部位、管根、变形缝等处的嵌固密封。

④汽油、二甲苯等：用于清洗工具及污染部位。

（3）主要用具

①清理用具：高压吹风机、小平铲、笤帚。

②操作工具、电动搅拌器、油毛刷、铁桶、汽油喷灯或专用火焰喷枪、压子、手持压滚、铁辊、剪刀、量尺、1500 mm φ30 管(铁、塑料)、划(放)线用品。

（4）作业条件

①施工前审核图纸，编制防水工程施工方案，并进行技术交底。地下防水工程必须由专业队施工，操作人员持证上岗。

②铺贴防水层的基层必须按设计施工，并经养护后干燥，含水率不大于9%；基层应平整、牢固、不空鼓开裂、不起砂。

③防水层施工涂底胶前(冷底子油)，应将基层表面清理干净。

④施工用材料均为易燃，因而应准备好相应的消防器材。

2.操作工艺

(1)工艺流程

基层清理──→涂刷基层处理剂──→铺贴附加层──→热熔铺贴卷材──→热熔封边──→做保护层

(2)基层清理

施工前将验收合格的基层清理干净。

(3)涂刷基层处理剂

在基层表面满刷一道用汽油稀释的氯丁橡胶沥青胶黏剂,涂刷应均匀,不透底。

(4)铺贴附加层

管根、阴阳角部位加铺一层卷材。按规范及设计要求将卷材裁成相应的形状进行铺贴。

(5)铺贴卷材

将改性沥青防水卷材按铺贴长度进行裁剪并卷好备用,操作时将已卷好的卷材,用$\phi30$的管穿入卷心,卷材端头比齐开始铺的起点,点燃汽油喷灯或专用火焰喷枪,加热基层与卷材交接处,喷枪距加热面保持300 mm左右的距离,往返喷烤、观察当卷材的沥青刚刚熔化时,手扶管心两端向前缓缓滚动铺设,要求用力均匀、不窝气,铺设压边宽度应掌握好,满贴法搭接宽度为80 mm,条黏法搭接宽度为100 mm。

(6)热熔封边

卷材搭接缝处用喷枪加热,压合至边缘挤出沥青黏牢。卷材末端收头用沥青嵌缝膏嵌固填实。

(7)保护层施工

平面做水泥砂浆或细石混凝土保护层。立面防水层施工完,应及时稀撒石碴并抹水泥砂浆保护层。

3.质量标准

参见《地下防水工程施工质量验收规范》

4.成品保护

(1)地下卷材防水层部位预埋的管道,在施工中不得碰损和堵塞杂物。

(2)卷材防水层铺贴完成后,应及时做好保护层,防止结构施工碰损防水层。外贴防水层施工完后,应按设计砌好防护墙。

(3)卷材平面防水层施工,不得在防水层上放置材料及作为施工运输车道。

5.应注意的质量问题

(1)卷材搭接不良:接头搭接形式以及长边、短边的搭接宽度偏小,接头处的黏结不密实,接槎损坏、空鼓;施工操作中应按程序弹标准线,使与卷材规格相符,操作中齐线铺贴,使卷材搭接长边不小于100 mm,短边不小于150 mm。

(2)空鼓:铺贴卷材的基层潮湿,不平整、不洁净、产生基层与卷材间窝气、空鼓。铺设时排气不彻底,窝住空气,也可使卷材间空鼓。施工时基层应充分干燥,卷材铺设应均匀压实。

(3)管根处防水层黏贴不良:清理不洁净、裁剪卷材与根部形状不符、压边不实等造成黏贴不良;施工时清理应彻底干净,注意操作,将卷材压实,不得有张嘴、翘边、折皱等现象。

（4）渗漏：转角、管根、变形缝处不易操作而渗漏。施工时附加层应仔细操作，保护好接槎卷材，搭接应满足宽度要求，保证特殊部位的质量。

6.质量记录

参见《建筑工程技术资料管理》 郑伟 许博 中南大学出版社

（二）厕、浴间涂膜防水

1.施工准备

（1）材料及主要机具

①聚氨酯防水涂料是一种化学反应型涂料，以双组分形式使用，由甲组分和乙组分按规定比例配合后，发生化学反应，由液态变为固态，形成较厚的防水涂膜。

A.主体材料：

甲组分：异氰酸基含量，以 3.5±0.2% 为宜。

乙组分：羟基含量，以 0.7±0.1% 为宜。

甲、乙料易燃，有毒，均用铁桶包装，贮存时应密封，进场后放在阴凉、干燥、无强日光直晒的库房（或场地）存放。施工操作时应按厂家说明的比例进行配合，操作场地要防火、通风，操作人员应戴手套、口罩、眼镜等，以防溶剂中毒。

B.主要辅助材料：

磷酸或苯磺酰氯（凝固过快时，作缓凝剂）；二月桂酸二丁基锡（凝固过慢，作促凝剂用）；二甲苯（清洗施工工具用）；乙酸乙酯（清洗手上凝胶用）；107 胶（修补基层用）；玻璃丝布（幅宽 90 cm，14 目）或无纺布；石渣（黏结过渡层用）；水泥（补基层用）。

C.聚氨酯防水涂料，必须经试验合格方能使用，其技术性能应符合以下要求：

固体含量：≥93%；

抗拉强度：0.6MPa 以上；

延伸率：≥300%；

柔度：在 -20℃绕 ϕ20 mm 圆棒无裂纹；

耐热性：在 85℃，加热 5 h，涂膜无流淌和集中气泡；

不透水性：动水压 0.2 MPa 恒压 1 h 不透水。

②氯丁胶乳沥青防水涂料：系水乳型，以聚氯丁二烯乳状液与乳化石油沥青在一定条件下均匀掺合乳化后，呈深棕色涂料。

A.氯丁胶乳沥青使用前必须试验，其技术性能应符合以下要求：

外观：深棕色乳状液

固体含量：≥43%；

黏结强度：0.67 MPa；

柔度：-10℃绕 ϕ10 mm 圆棒无裂纹；

耐热性：80℃，5 h 无变化；

不透水性：动水压 0.1 MPa，恒压 0.5 h 不透水。

B.如设计要求加布时，为中碱涂膜玻璃丝布（幅宽 90 cm，14 目）或无纺布。

③SBS 橡胶改性沥青防水涂料：是以沥青、橡胶、合成树脂为主要原料制成的水乳型弹性沥青防水材料。在沥青中加入 SBS 以后提高了沥青的防水性和弹性。

A.SBS 橡胶改性沥青防水涂料，使用前应经试验合格后方可使用，其技术性能应符合出厂要求：

外观：黑色黏稠液体；

固体含量：≥40%；

黏结强度（与水泥砂浆的黏结强度）：≥0.3MPa；

柔度：在 -20℃ ±2℃ 以下绕 φ3 mm 金属棒半周，涂膜无裂纹剥落现象。

B. 玻璃丝布（幅宽90 cm，14目）或无纺布。

④主要机具：电动搅拌器、拌料桶、油漆桶、塑料刮板、铁皮小刮板、橡胶刮板、弹簧秤、油漆刷（刷底胶用）、滚动刷（刷底胶用）、小抹子、油工铲刀、笤帚、消防器材。

（2）作业条件

①穿过厕浴间楼板的所有立管、套管均已做完并经验收。管周围缝隙用1:2:4细石混凝土填塞密实（楼板底需支模板）。

②厕浴间地面垫层已做完，向地漏处找2%坡，厚度小于30 mm 时用混合灰，大于30 mm 厚用1:6水泥焦渣垫层。

③厕浴间地面找平层已做完，表面应抹平压光、坚实平整、不起砂，含水率低于90%（简易检测方法：在基层表面上铺一块1 m² 橡胶板，静置3~4 h，覆盖橡胶板部位无明显水印，即视为含水率达到要求）。

④找平层的泛水坡度应在2%以上，不得局部积水，与墙交接处及转角均要抹成小圆角。凡是靠墙的管根处均抹出5%坡度，避免此处存水（图7-10）。

⑤在基层做防水涂料之前，在以下部位用建筑密封膏封严。穿过楼板的立管四周、套管与立管交接处、大便器与立管接口处、地漏上口四周等。

⑥厕浴间做防水之前必须设置足够的照明及通风设备。

⑦易燃、有毒的防水材料要各有防火设施和工作服、软底鞋。

⑧操作温度保持 +5℃ 以上。

⑨操作人员应经过专业培训，持上岗证，先做样板间，经检查验收合格后，方可全面施工。

2. 操作工艺

（1）聚氨酯防水涂料施工工艺流程：

清扫基层──涂刷底胶──细部附加层──第一层涂膜──第二层涂膜──第三层涂膜和黏石渣

①清扫基层：用铲刀将黏在找平层上的灰皮除掉，用扫帚将尘土清扫干净，尤其是管根、地漏和排水口等部位要仔细清理。如有油污，应用钢丝刷和砂纸刷掉。表面必须平整，凹陷处要用1:3水泥砂浆找平。

②涂刷底胶：将聚氨酯甲、乙两组分和二甲苯按1:1.5:2的比例（重量比）配合搅拌均匀，即可使用。用滚动刷或油漆刷蘸底胶均匀地涂刷在基层表面，不得过薄也不得过厚，涂刷量以0.2 kg/m²左右为宜。涂刷后应干燥4 h 以上，才能进行下一工序的操作。

③细部附加层：将聚氨酯涂膜防水材料按甲组分:乙组分 =1:1.5的比例混合搅拌均匀，用油漆刷蘸涂料在地漏、管道根、阴阳角和出水口等容易漏水的薄弱部位均匀涂刷，不得漏刷（地面与墙面交接处，涂膜防水拐墙上做100 mm 高）。

④第一层涂膜：将聚氨酯甲、乙两组分和二甲苯按1:1.5:0.2的比例（重量比）配合后，

倒入拌料桶中，用电动搅拌器搅拌均匀（约5 min），用橡胶刮板或油漆刷刮涂一层涂料，厚度要均匀一致，刮涂量以0.8~1.0 kg/m²为宜，从内往外退着操作。

⑤第二层涂膜：第一层涂膜后，涂膜固化至不粘手时，按第一遍材料配比方法，进行第二遍涂膜操作，为使涂膜厚度均匀，刮涂方向必须与第一遍刮涂方向垂直，刮涂量与第一遍相同。

⑥第三层涂膜：第二层涂膜固化后，仍按前两遍的材料配比搅拌好涂膜材料，进行第三遍刮涂，刮涂量以0.4~0.5 kg/m²为宜，涂完之后未固化时，可在涂膜表面稀撒干净的 ϕ2 ~ ϕ3 mm 粒径的石渣，以增加与水泥砂浆覆盖层的黏结力。

在操作过程中根据当天操作量配料，不得搅拌过多。如涂料黏度过大不便涂刮时，可加入少量二甲苯进行稀释，加入量不得大于乙料的10%。如甲、乙料混合后固化过快，影响施工时，可加入少许磷酸或苯磺酚氯化缓凝剂，加入量不得大于甲料的0.5%。如涂膜固化太慢，可加入少许二月桂酸二丁基锡作促凝剂，但加入量不得大于甲料的0.3%。

涂膜防水做完，经检查验收合格后可进行蓄水试验，24 h 无渗漏，可进行面层施工。

（2）氯丁胶乳沥青防水涂料施工工艺流程

基层处理——涂刮氯丁胶乳沥青水腻子——刮第一遍涂料——细部构造和加强层——铺贴玻璃丝布（或无纺布）同时刷二遍涂料——刷第三遍涂料——刷第四遍涂料——蓄水试验

①基层处理：先检查基层水泥砂浆找平层是否平整，泛水坡度是否符合设计要求，面层有坑凹处时，用水泥砂浆找平，用钢丝刷、扁铲将黏结在面层上的浆皮铲掉，最后用扫帚将尘土扫干净。

②基层满刮氯丁胶乳沥青水泥腻子：将搅拌均匀的氯丁胶乳沥青防水涂料倒入小桶中，掺少许水泥搅拌均匀，用刮板将基层满刮一遍。管根和转角处要厚刮并抹平整。

③第一遍防水涂料：根据每天使用量将氯丁胶乳沥青防水涂料倒入小桶中，下班时将余料倒回大桶内保存，防止干燥结膜影响使用。待基层氯丁胶乳水泥腻子干燥后，开始涂刷第一遍涂料，用油漆刷或滚动刷蘸涂料满刷一遍，涂刷要均匀，表面不得有流淌堆积现象。

④细部构造和加强层：阴角、阳角先做一道加强层，即将玻璃丝布（或无纺布）铺贴于上述部位，同时用油漆刷刷氯丁胶乳沥青防水涂料。要贴实、刷平，不得有折皱。

管子根部也是先做加强层。可将玻璃丝布（或无纺布）剪成锯齿形，铺贴在套管表面，上端卷入套管中，下端贴实在管根部平面上，同时刷氯丁胶乳沥青防水涂料，贴实、刷平。

地漏、蹲坑等与地面相交的部位也先做二层加强层。

如果墙面无防水要求时，地面的防水涂层往墙面四周卷起100 mm 高，也做加强层。

⑤铺玻璃丝布（或无纺布），同时刷第二遍涂料：细部构造层做完之后，可进行大面积涂布操作。将玻璃丝布（或无纺布）卷成圆筒，用油漆刷蘸涂料，边刷、边滚动玻璃丝布（或无纺布）卷，边滚边铺贴，并随即用毛刷将玻璃丝布（或无纺布）碾压平整，排除气泡，同时用刷子蘸涂料在已铺好的玻璃丝布（或无纺布）上均匀涂刷，使玻璃丝布（或无纺布）牢固地黏结在基层上，不得有漏涂和皱折。一般平面施工从低处向高处做，按顺水接茬从里往门口做，先做水平面后做垂直面，玻璃丝布（或无纺布）搭接不小于10 cm。

⑥第三遍防水涂料：待第二层涂料干燥后，用油漆刷或滚动刷满刷第三遍防水涂料。

⑦第四遍防水涂料：第三遍涂料干燥后，再满刷最后一遍涂料，表面撒一层粗砂，干透后做蓄水试验。

⑧蓄水试验：防水层涂刷验收合格后，将地漏堵塞，蓄水2 cm 高，时间不少于24 h，若

无渗漏为合格，可进行面层施工。

氯丁胶孔沥青防水涂料的涂布遍数和玻璃丝布(或无纺布)的层数，均根据设计要求去操作，可参照上述方法。

(3)SBS橡胶改性沥青防水涂料施工工艺流程：

基层处理──→涂刷第一遍涂料──→细部处理──→一布二涂──→蓄水试验

①基层处理：同氯丁胶乳沥青涂料做法。

②涂第一遍涂料：用油漆刷蘸SBS橡胶改性沥青防水涂料，满涂刷一遍，要先上后下，先高后低，涂刷均匀，不得有漏刷之处。

③细部处理：立管根部、地漏、蹲坑等部位与地面交接处，均要细致地涂刷SBS防水涂料，不得漏刷。

④一布二涂：先将玻璃丝布卷成筒，用油漆刷蘸涂料，边刷、边滚动、边黏贴，随时用油漆刷将布碾平整，排除气泡，玻璃丝布搭接长度不小于5 cm(如果需铺二层布时，要将上下搭接缝错开)，紧跟着油漆刷在已铺的玻璃丝布上再涂刷一遍涂料，直到玻璃丝布网眼布满涂料，刷涂料后不得留有死折、气泡、翘边和白茬，铺贴要平整。

⑤蓄水试验：防水涂料按设计要求的涂层涂完后，经质量验收合格，进行蓄水试验，临时将地漏堵塞，门口处抹挡水坎，蓄水2 cm，观察24 h无渗漏为合格，可进行面层施工。

3.质量标准

(1)《建筑地面工程施工质量验收规范》；

(2)《屋面工程施工质量验收规范》。

4.成品保护

(1)涂膜防水层操作过程中，不得污染已做好饰面的墙壁、卫生洁具、门窗等。

(2)涂膜防水层做完之后，要严格加以保护，在保护层未做之前，任何人员不得进入，也不得在卫生间内堆积杂物，以免损坏防水层。

(3)地漏或排水口内防止杂物塞满，确保排水畅通。蓄水合格后，不要忘记要将地漏内清理干净。

(4)面层进行施工操作时，不得碰坏突出地面的管根、地漏、排水口、卫生洁具等与地面交接处的涂膜。

5.应注意的质量问题

(1)涂膜防水层空鼓、有气泡：主要是基层清理不干净，底胶涂刷不匀或者是由于找平层潮湿，含水率高于9%，涂刷之前未进行含水率试验，造成空鼓，严重者造成大面积起鼓包。因此在涂刷防水层之前，必须将基层清理干净，并做含水率试验。

(2)地面面层做后进行蓄水试验，有渗漏现象：涂膜防水层做完之后，必须进行第一次蓄水试验，如有渗漏现象，可根据渗漏具体部位进行修补，甚至于全部返工，直到蓄水2 cm高，观察24 h不渗漏为止。地面面层做完之后，再进行第二遍蓄水试验，观察24 h无渗漏为最终合格，填写蓄水检查记录。

(3)地面存水，排水不畅：主要原因是在做地面垫层时，没有按设计要求找坡，做找平层时也没有进行补救措施，造成倒坡或凹凸不平而存水。因此在做涂膜防水层之前，先检查基层坡度是否符合要求，与设计不符时，应进行处理后再做防水。

(4)地面二次蓄水做完之后，已合格验收，但在竣工使用后，蹲坑处仍出现渗漏现象：主要是蹲坑排水口与污水承插接口处未连接严密，连接后未用建筑密封膏封密实，造成使用后渗漏。在卫生瓷活安装后，必须仔细检查各接口处是否符合要求，再进行下道工序。

6. 质量记录

参见《建筑工程技术资料管理》 郑伟 许博 中南大学出版社

（三）合成高分子卷材屋面防水

1. 施工准备

（1）材料及要求

① 合成高分子卷材：

A. 三元乙丙 – 丁基橡胶防水卷材

规格：厚 1.2 mm、1.5 mm，长 20 m，宽 1 m；技术性能：见表 9 – 3。

表 9 – 3　三元乙丙 – 丁基橡胶防水卷材性能

项　目		性　能　指　标
抗拉断裂强度/MPa		≥7
断裂延长率/%		≥450
热老化保持率	断裂伸长率/%	≥70
（80±2℃，168h）	抗拉断裂强度/%	≥80
低温冷脆温度/℃		−40℃以下
不透水性/（MPa×min）		≥0.3×30

B. 氯化聚乙烯 – 橡胶共混防水卷材

规格：厚 1.2 mm、1.5 mm，长 20 m，宽 1 m、2 m；技术性能：见表 9 – 4。

表 9 – 4　氯化聚乙烯 – 橡胶共混防水卷材性能

项　目	性　能　指　标
抗拉强度/MPa	≥7.36
断裂伸长率/%	≥450
低温柔度/℃	−30℃以下
不透水性/（MPa×min）	0.3×30

C. 氯化聚乙烯防水卷材

规格：厚度 1.2 mm，长 20m/卷、宽 0.9 m；技术性能：见表 9 – 5。

表 9 – 5　氯化聚乙烯防水卷材性能

项　　目	性　能　指　标
抗拉强度/MPa	≥9.8
断裂伸长率/%	≥10
不透水性/（MPa×h）	0.3×2
耐热老化/（℃×h）	100℃×720h 强度不下降
耐低温/℃	–30℃绕 φ10mm 无裂纹

注：合成高分子卷材应符合 GB 12952—1992、GB 12953—1991、HG 2402—1992 标准。并符合设计要求，有出厂、复试合格证明资料。

②合成高分子防水卷材配套材料选择见表 9 – 6。

表 9 – 6　合成高分子防水卷材配套材料选择

配套材料	三元乙丙 – 丁基防水卷材	氯化聚乙烯 – 橡胶共混防水卷材	氯化聚乙烯防水卷材
1. 基层处理剂	聚氨酯甲、乙组分、二甲苯稀释剂	聚氨酯涂料稀释或水乳型涂料喷涂处理	稀释黏结剂乙酸乙酯：汽油（1:1）
2. 基层胶黏剂	CX – 404 胶	CX – 404 胶或 409 胶	LYX – 603 – 3 号胶，淡黄色透明黏稠液体，剥离强度≥20N/2.5 cm
3. 卷材接缝胶黏剂	丁基橡胶胶剂甲、乙组分或单组分丁基橡胶胶黏剂	氯丁系胶黏剂 CX – 404 胶 CX – 401 胶	LYX – 603 – 2 号胶，灰色黏调液体，剥离强度 25N/2.5 cm
4. 增强密封膏	聚氨酯嵌缝膏（甲、乙组分）	聚氨酯嵌缝膏	聚氨酯嵌缝膏
5. 着色剂	用于屋面着色（银灰色）涂料	着色涂料（银灰色）	着色涂料（银灰色）
6. 自硫化胶带		丁基胶带或其他橡胶黏带	

（2）主要机具

①电动搅拌器、高压吹风机。

②铁辊、手持压滚、压子、小平铲、铁桶、汽油喷灯、剪刀、钢卷尺、笤帚、小线、彩色粉、粉笔。

（3）作业条件

①施工前审核图纸，编制屋面防水施工方案，并进行技术交底。屋面防水工程必须由专业施工队持证上岗。

②铺贴防水层的基层必须施工完毕，并经养护、干燥，防水层施工前应将基层表面清除干净，同时进行基层验收，合格后方可进行防水层施工。

③基层坡度应符合设计要求，不得有空鼓、开裂、起砂、脱皮等缺陷；基层含水率应不大于9%。

④防水层施工按设计要求，准备好卷材及配套材料，存放和操作应远离火源，防止发生事故。

2. 操作工艺

（1）工艺流程：

基层清理──涂刷基层处理剂──附加层施工──卷材与基层表面涂胶──卷材铺贴──卷材收头黏结──卷材接头密封──蓄水试验──做保护层

（2）清理基层：施工防水层前将已验收合格的基层表面清扫干净。不得有浮尘、杂物等影响防水层质量的缺陷。

（3）涂刷基层处理剂：涂布聚氨酯底胶。

①聚氨酯底胶的配制：聚氨酯材料按甲∶乙 =1∶3（重量比）的比例配合，搅拌均匀即可进行涂布施工；也可以由聚氨酯材料按甲∶乙∶二甲苯 =1∶1.5∶1.5 的比例配合，搅拌均匀后进行涂布施工。

②涂刷聚氨酯底胶：大面积涂刷前，用油漆刷蘸底胶在阴阳角、管根、水落口等细部复杂部位均匀涂刷一遍聚氨酯底胶。然后用长把滚刷在大面积部位涂刷。涂刷底胶（相当于冷底子油）厚薄应一致，不得有漏刷、花白等现象。

（4）附加层施工：阴阳角、管根、水落口等部位必须先做附加层，可采用自黏性密封胶或聚氨酯涂膜，也可铺贴一层合成高分子防水卷材处理。应根据设计要求确定。

（5）卷材与基层表面涂胶：

①卷材表面涂胶：将卷材铺展在干净的基层上，用长把滚刷蘸 CX - 404 胶滚涂均匀。应留出搭接部位不涂胶，边头部位空出 100 mm。

涂刷胶黏剂厚度要均匀，不得有漏底或凝聚块类物质存在。卷材涂胶后 10～20 min 静置干燥，当手指触不黏手时，用原卷材筒将刷胶面向外卷起来，卷时要端头平整，卷劲一致，直径不得一头大，一头小，并要防止卷入砂粒和杂物，保持洁净。

②基层表面涂胶：已涂底胶干燥后，在其表面涂刷 CX - 404 胶，用长把滚刷蘸 CX - 404 胶，不得在一处反复涂刷，防止黏起底胶或形成凝聚块，细部位置可用毛刷均匀涂刷，静置晾干即可铺贴卷材。

（6）卷材铺贴：卷材及基层已涂的胶基本干燥后（手触不黏，一般20 min 左右），即可进行铺贴卷材施工。卷材的层数、厚度应符合设计要求。

①卷材应平行屋脊从檐口处往上铺贴，双向流水坡度卷材搭接应顺流水方向，长边及端头的搭接宽度，如空铺、点黏、条黏时，均为100 mm；满黏法均为80 mm，且端头接茬要错开250 mm。

②卷材应从流水坡度的下坡开始，按卷材规格弹出基准线铺贴，并使卷材的长向与流水坡向垂直。注意卷材配制应减少阴阳角处的接头。

③铺贴平面与立面相连接的卷材，应由下向上进行，使卷材紧贴阴阳角，铺展时对卷材不可拉得过紧，且不得有皱折、空鼓等现象。

A. 合成高分子卷材搭接缝用丁基胶黏剂 A、B 两个组分，按 1∶1 的比例配合搅拌均匀，用油漆刷均匀涂刷在翻开的卷材接头的两个黏结面上，静置干燥 20 min，即可从一端开始黏合，操作时用手从里向外一边压合一边排除空气，并用手持小铁压辊压实，边缘用聚氨酯嵌缝膏封闭。

（7）防水层蓄水试验：卷材防水层施工后，经隐蔽工程验收，确认做法符合设计要求，应做蓄水试验，确认不渗漏水，方可施工防水层的保护层。

（8）保护层施工：在卷材铺贴完毕，经隐检、蓄水试验，确认无渗漏的情况下，非上人屋面用长把滚刷均匀涂刷着色保护涂料，上人屋面根据设计要求做块材等刚性保护层。

3. 质量标准

参见《屋面工程施工质量验收规范》

4. 成品保护

（1）已铺好的卷材防水层，应及时采取保护措施，防止机具和施工作业损伤。

（2）屋面防水层施工中不得将穿过屋面、墙面的管根损伤变位。

（3）变形缝、水落管口等处防水层施工前，应进行临时堵塞，防水层完工后，应进行清除，保证管、缝内通畅，满足使用功能。

（4）防水层施工完毕，应及时做好保护层。

（5）施工中不得污染已做完的成品。

5. 应注意的质量问题

（1）卷材防水层空鼓：多发生在找平层与卷材之间，尤其是卷材的接缝处。原因是基层不干燥，气体排除不彻底，卷材黏结不牢，压得不实，应控制好各工序的验收。

（2）卷材屋面防水层渗漏：加强细部操作，如管根、水落管口。伸缩缝和卷材搭接处，应做好收头黏结，施工中保护好接槎，嵌缝时应清理，使干净的接槎面相黏，以保证施工质量，认真做蓄水试验。

（3）积水：屋面、檐沟泛水坡度做得不顺，坡度不够，屋面平整度差。施工时基层找平层泛水坡度应符合要求。

6. 质量记录

参见《建筑工程技术资料管理》 郑伟 许博 中南大学出版社

Ⅴ　学生顶岗实习介绍信

　　兹有我院_____系_____班学生_____前往贵单位进行顶岗实习,请给予支持,现将实习期间的有关事宜敬告如下:

　　1.实习时间:20　　年　　月　　日——20　　年　　月　　日。

　　2.实习内容详见《顶岗实习任务书》、《顶岗实习指导书》。

　　3.顶岗实习期间生活费用由学生自理,尚请贵单位给予适当照顾。

　　4.请贵单位委托一位工程管理人员或工程技术人员作为"实习指导教师",负责学生实习工作的安排及思想、业务上的指导。

　　5.请贵单位在学生实习结束时对学生的政治思想和业务水平以及组织纪律方面如实作出鉴定,并填写顶岗实习报告。

　　感谢贵单位为教育事业所作的贡献!

　　此致

　　　　敬礼!

　　　　　　　　　　　　　　　　　　　　　_____学院

　　　　　　　　　　　　　　　　　　　　　年　　月　　日

VI 学生顶岗实习安全协议

甲方：_____学院_____系
乙方：_____班_____同学

为了确保实习能够顺利进行,增强学生的安全意识,圆满完成实习任务,特签订如下安全协议。

一、甲方应承担的职责

1. 向乙方传达国家和有关部门制定的安全生产政策和法规,宣讲安全生产规章制度。
2. 对乙方进行口头或文字的安全技术交底,提出具体要求和注意事项。
3. 督促乙方正确使用安全防护器材及个人劳动保护用品。
4. 向乙方交代实习期间校纪校规。

二、乙方应承担的职责

1. 乙方必须接受甲方的安全教育,必须服从甲方现场指挥。
2. 乙方必须严格遵守实习单位的安全制度和安全条例。
3. 乙方应按规定使用个人劳动保护用品。
4. 乙方必须严格遵守实习安全规程。
5. 实习过程中,乙方应及时向甲方汇报实习情况。
6. 乙方在实习期间,严格遵守交通规则和实习工作程序。

三、伤亡事故的责任划分

1. 如因甲方未进行安全教育所造成的伤亡事故由甲方承担事故责任。
2. 如因乙方不履行自己的职责,不服从指挥,不遵守安全法规与规程,违章操作或个人思想不集中导致发生的安全事故,由乙方承担责任。
3. 如因乙方未及时向甲方反映实习工地重大情况,由此发生的问题由乙方负责。
4. 本合同一式二份,一份由甲方留存,一份由乙方留存。

甲方(签字盖章):　　　　　　　　乙方(签字盖章):

年　月　日　　　　　　　年　月　日

Ⅶ 施工现场顶岗实习学生安全责任合同

为搞好安全生产，确保学生实习，经双方协商签订如下安全责任合同条款，以便共同遵守。

甲方：

乙方：_____学院_____系_____班级_____学生

一、甲方职责

1.向乙方或学生传达国家和有关部门制定的安全生产政策和法规，宣传本单位的安全生产规章制度。

2.对学生进行口头或文字的安全技术交底，提出具体要求和注意事项。

3.督促学生正确使用安全防护器材及个人劳动保护用品。

4.学生由于施工技术经验不足，不强制要求参加高空作业、临边作业、晚班作业及带电作业等危险作业。

二、乙方职责

1.乙方学生必须接受甲方的安全教育，服从甲方现场指挥，若自行异动实习场地，甲方终止其实习活动。

2.每个项目应配一名现场指导教师，负责该项目实习学生的具体事项。

3.乙方应按规定使用个人劳动保护用品(如安全帽、安全带等)。

4.学生无个人劳动保护用品，可向甲方申请使用。

5.学生不适应建筑高空作业、临边作业、晚班作业及带电作业等而又擅自参加，又未及时与甲方通气，由此发生的问题甲方概不负责。

6.实习过程中，乙方实习生应及时向甲方反映实习的情况。

三、事故的责任划分

1.甲方只为乙方提供实习场所，如在实习期间由于学生主观过失，安全思想麻痹，违规操作等发生伤亡事故，由学生本人承担责任。

2.施工现场发生了不可抗力的意外事故，按国家规定处理。

3.其他安全责任事项：(实习学生与实习单位根据具体情况协商确定)

四、本合同一式三份。甲、乙、学生方各执一份。

五、学生实习时间：从　年　月　日起至　年　月　日止。

甲方(盖章)　　　　　　　　　　**乙方**(盖章)　　　　**学生**(签名)

　　　年　月　日　　　　　　　　　　　　　　　　年　月　日

Ⅷ 学生顶岗实习校外指导教师情况登记表

顶岗实习学生：姓名 _____ 班级 _____ 实习时间 _____ 至 _____

序号	姓名	性别¹	出生年月	参加工作时间	学历	专业技术职称			
						技术职务等级	名称	发证单位	获取时间（年月）
1									
2									

	职业资格等级（最高）			
序号	岗位	等级	获取时间（年月）	发证单位
1				
2				

序号	兼职岗位	当前专职工作背景		
		单位	职务	任职时间（年月）
1				
2				

填表说明：

1.性别（单一选项）：男/女。

2.学历（单一选项）：博士研究生/硕士研究生/大学/专科/专科以下。

3.专业技术职务指教师获得的人事部门认定的职称，包括教师系列职称、工程系列职称、研究员系列职称等。

4.技术职务等级（单一选项）：高级/中级/初级。

5.职业资格等级指教师获得的劳动与社会保障部门、其他部委、行业、企业等颁发的各类职业资格证书。各类技能证书也在本栏填写。

Ⅸ　顶岗实习日志

实习日志填写要求：

一、工作内容：真实地记录当天完成的主要工作，可以是技术性的，也可以是非技术性的。

二、收获体会：技术工作重点谈体会，谈自己的想法或做法，非技术工作谈自己在待人、接物、办事中处理是否妥当，以后怎么改进的心得体会。

三、顶岗实习日志，内容要真实，图文并茂、书写工整、线条清晰。

四、顶岗实习日志是实习情况的真实反应，学生首先必须逐日写好顶岗实习日志，把每天顶岗实习的内容、所见所闻、收获体会和有关的技术资料等记载于日志中，不少于100篇（手抄本），为写顶岗实习报告积累资料。顶岗实习结束时，每个学生都必须将自己的顶岗实习成果（如参与编制的施工图预算及施工组织设计，提出了某些合理化建设，参与了某项工程设计，处理了哪些施工中的问题等），由顶岗实习单位出具证明，带回学校，作为评定顶岗实习成绩的依据。

年　月　日　　　　　　　天气：　　　　　温度：

工作内容	
收获体会	

年　月　日　　　　　　　天气：　　　　　温度：

工作内容	
收获体会	

年　　月　　日　　　　　　天气：　　　　　　温度：

工作内容	
收获体会	

年　　月　　日　　　　　　天气：　　　　　　温度：

工作内容	
收获体会	

110

年　月　日　　　　　　　　天气：　　　　　温度：

工作内容	
收获体会	

年　月　日　　　　　　　　天气：　　　　　温度：

工作内容	
收获体会	

年　月　日　　　　　　　天气：　　　　　温度：

工作内容

收获体会

年　月　日　　　　　　　天气：　　　　　温度：

工作内容

收获体会

112

年　　月　　日　　　　　　天气：　　　　　温度：

工作内容	
收获体会	

年　　月　　日　　　　　　天气：　　　　　温度：

工作内容	
收获体会	

年　　月　　日　　　　　　　　天气：　　　　　　温度：

工作内容

收获体会

　年　　月　　日　　　　　　　　天气：　　　　　　温度：

工作内容

收获体会

114

年　月　日　　　　　　天气：　　　　　温度：

工作内容	
收获体会	

年　月　日　　　　　　天气：　　　　　温度：

工作内容	
收获体会	

年　　月　　日　　　　　　　天气：　　　　　温度：

工作内容	
收获体会	

　　　年　　月　　日　　　　　　　天气：　　　　　温度：

工作内容	
收获体会	

年　月　日　　　　　　天气：　　　　　温度：

工作内容	
收获体会	

年　月　日　　　　　　天气：　　　　　温度：

工作内容	
收获体会	

年　　月　　日　　　　　　　　　天气：　　　　　　温度：

工作内容	
收获体会	

年　　月　　日　　　　　　　　　天气：　　　　　　温度：

工作内容	
收获体会	

年　　月　　日　　　　　　天气：　　　　　温度：

工作内容	
收获体会	

年　　月　　日　　　　　　天气：　　　　　温度：

工作内容	
收获体会	

年　月　日　　　　　　　　天气：　　　　　温度：

工作内容	
收获体会	

年　月　日　　　　　　　　天气：　　　　　温度：

工作内容	
收获体会	

年　　月　　日　　　　　　　天气：　　　　　温度：

工作内容

收获体会

年　　月　　日　　　　　　　天气：　　　　　温度：

工作内容

收获体会

年　月　日　　　　　　　天气：　　　　　温度：

工作内容	
收获体会	

年　月　日　　　　　　　天气：　　　　　温度：

工作内容	
收获体会	

122

年　　月　　日　　　　　　　　天气：　　　　　　　温度：

工作内容	
收获体会	

年　　月　　日　　　　　　　　天气：　　　　　　　温度：

工作内容	
收获体会	

年　　月　　日　　　　　　　天气：　　　　　　温度：

工作内容

收获体会

　年　　月　　日　　　　　　　天气：　　　　　　温度：

工作内容

收获体会

124

　　年　　月　　日　　　　　　　天气：　　　　　　　温度：

工作内容	
收获体会	

　　年　　月　　日　　　　　　　天气：　　　　　　　温度：

工作内容	
收获体会	

年　　月　　日　　　　　　　天气：　　　　　　温度：

工作内容	
收获体会	

　年　　月　　日　　　　　　　天气：　　　　　　温度：

工作内容	
收获体会	

年 月 日 天气: 温度:

工作内容	
收获体会	

年 月 日 天气: 温度:

工作内容	
收获体会	

年　月　日　　　　　天气：　　　　　　温度：

工作内容

收获体会

年　月　日　　　　　天气：　　　　　　温度：

工作内容

收获体会

128

年　　月　　日　　　　　　　天气：　　　　　　温度：

工作内容	
收获体会	

年　　月　　日　　　　　　　天气：　　　　　　温度：

工作内容	
收获体会	

年　月　日　　　　　　　天气：　　　　　温度：

工作内容	
收获体会	

年　月　日　　　　　　　天气：　　　　　温度：

工作内容	
收获体会	

年　　月　　日　　　　　　　天气：　　　　　温度：

工作内容	
收获体会	

年　　月　　日　　　　　　　天气：　　　　　温度：

工作内容	
收获体会	

年　　月　　日　　　　　　　天气：　　　　　　温度：

工作内容

收获体会

　　年　　月　　日　　　　　　　天气：　　　　　　温度：

工作内容

收获体会

年　月　日　　　　　　　天气：　　　　　温度：

工作内容	
收获体会	

年　月　日　　　　　　　天气：　　　　　温度：

工作内容	
收获体会	

年　月　日　　　　　　　天气：　　　　　温度：

工作内容	
收获体会	

年　月　日　　　　　　　天气：　　　　　温度：

工作内容	
收获体会	

134

年　月　日　　　　　天气：　　　　温度：

工作内容	
收获体会	

年　月　日　　　　　天气：　　　　温度：

工作内容	
收获体会	

　　　　　年　　月　　日　　　　　　　　天气：　　　　　　　温度：

工作内容	
收获体会	

　　　　　年　　月　　日　　　　　　　　天气：　　　　　　　温度：

工作内容	
收获体会	

年　　月　　日　　　　　　　天气：　　　　　　温度：

工作内容	
收获体会	

年　　月　　日　　　　　　　天气：　　　　　　温度：

工作内容	
收获体会	

年　月　日　　　　　　　天气：　　　　　温度：

工作内容	
收获体会	

年　月　日　　　　　　　天气：　　　　　温度：

工作内容	
收获体会	

138

年   月   日   天气：   温度：

工作内容	
收获体会	

年   月   日   天气：   温度：

工作内容	
收获体会	

年　　月　　日　　　　　　　　　　天气：　　　　　　　温度：

工作内容	
收获体会	

年　　月　　日　　　　　　　　　　天气：　　　　　　　温度：

工作内容	
收获体会	

140

年　月　日　　　　　　　天气：　　　　　温度：

工作内容	
收获体会	

年　月　日　　　　　　　天气：　　　　　温度：

工作内容	
收获体会	

年　　月　　日　　　　　　　　天气：　　　　　　　温度：

工作内容	
收获体会	

年　　月　　日　　　　　　　　天气：　　　　　　　温度：

工作内容	
收获体会	

年　　月　　日　　　　　　　天气：　　　　　　温度：

工作内容	
收获体会	

年　　月　　日　　　　　　　天气：　　　　　　温度：

工作内容	
收获体会	

年　月　日　　　　　　　天气：　　　　　温度：

工作内容	
收获体会	

年　月　日　　　　　　　天气：　　　　　温度：

工作内容	
收获体会	

144

年　月　日　　　　　　　　天气：　　　　　　温度：

工作内容	
收获体会	

年　月　日　　　　　　　　天气：　　　　　　温度：

工作内容	
收获体会	

年　　月　　日　　　　　　　天气：　　　　　　温度：

工作内容	
收获体会	

　年　　月　　日　　　　　　　天气：　　　　　　温度：

工作内容	
收获体会	

年　　月　　日　　　　　　　　天气：　　　　　　　温度：

工作内容	
收获体会	

年　　月　　日　　　　　　　　天气：　　　　　　　温度：

工作内容	
收获体会	

年　　月　　日　　　　　　　　天气：　　　　　　　温度：

工作内容

收获体会

年　　月　　日　　　　　　　　天气：　　　　　　　温度：

工作内容

收获体会

年　　月　　日　　　　　　　　天气：　　　　　　温度：

工作内容	
收获体会	

年　　月　　日　　　　　　　　天气：　　　　　　温度：

工作内容	
收获体会	

年　　月　　日　　　　　　　　天气：　　　　　温度：

工作内容	
收获体会	

年　　月　　日　　　　　　　　天气：　　　　　温度：

工作内容	
收获体会	

年　月　日　　　　　　天气：　　　　　温度：

工作内容	
收获体会	

年　月　日　　　　　　天气：　　　　　温度：

工作内容	
收获体会	

年　　月　　日　　　　　　　　　　天气：　　　　　　温度：

工作内容	
收获体会	

年　　月　　日　　　　　　　　　　天气：　　　　　　温度：

工作内容	
收获体会	

	年　　月　　日	天气：　　　　　温度：
工作内容		
收获体会		

	年　　月　　日	天气：　　　　　温度：
工作内容		
收获体会		

年　月　日　　　　　　天气：　　　　　温度：

工作内容	
收获体会	

年　月　日　　　　　　天气：　　　　　温度：

工作内容	
收获体会	

年　月　日　　　　　　　天气：　　　　　温度：

工作内容	
收获体会	

年　月　日　　　　　　　天气：　　　　　温度：

工作内容	
收获体会	

年　　月　　日　　　　　　　天气：　　　　　　温度：

工作内容	
收获体会	

　　　年　　月　　日　　　　　　　天气：　　　　　　温度：

工作内容	
收获体会	

156

年　月　日　　　　　天气：　　　　　温度：

工作内容	
收获体会	

年　月　日　　　　　天气：　　　　　温度：

工作内容	
收获体会	

年　月　日　　　　　　　天气：　　　　　温度：

工作内容	
收获体会	

年　月　日　　　　　　　天气：　　　　　温度：

工作内容	
收获体会	

158

年　　月　　日　　　　　　　　天气：　　　　　　温度：

工作内容	
收获体会	

年　　月　　日　　　　　　　　天气：　　　　　　温度：

工作内容	
收获体会	

年　　月　　日　　　　　　　　天气：　　　　　　温度：

工作内容

收获体会

年　　月　　日　　　　　　　　天气：　　　　　　温度：

工作内容

收获体会

160

年　月　日　　　　天气：　　　　温度：

工作内容	
收获体会	

年　月　日　　　　天气：　　　　温度：

工作内容	
收获体会	

年　月　日　　　　　天气：　　　　温度：

工作内容

收获体会

年　月　日　　　　　天气：　　　　温度：

工作内容

收获体会

162

年　月　日　　　　　　天气：　　　　　温度：

工作内容	
收获体会	

年　月　日　　　　　　天气：　　　　　温度：

工作内容	
收获体会	

年　月　日　　　　　　　　天气：　　　　　温度：

工作内容	
收获体会	

年　月　日　　　　　　　　天气：　　　　　温度：

工作内容	
收获体会	

年　月　日　　　　　　　天气：　　　　温度：

工作内容	
收获体会	

年　月　日　　　　　　　天气：　　　　温度：

工作内容	
收获体会	

年　月　日　　　　　　天气：　　　　　温度：

工作内容	
收获体会	

年　月　日　　　　　　天气：　　　　　温度：

工作内容	
收获体会	

年　月　日　　　　　　　　天气：　　　　　温度：

工作内容	
收获体会	

年　月　日　　　　　　　　天气：　　　　　温度：

工作内容	
收获体会	

工作内容

收获体会

工作内容

收获体会

	年　月　日　　　　　　天气：　　　　　温度：
工作内容	
收获体会	

	年　月　日　　　　　　天气：　　　　　温度：
工作内容	
收获体会	

X 顶岗实习报告

顶岗实习报告

（内容包括实习工地的概况，实习期间从事的工作、收获、体会等，重点是收获体会。写法可以是全面总结，也可以是专题总结，即对某些问题有独特见解的写成专题报告。写报告要多用数字和图表来说明问题，要附有关技术资料。对问题要有分析，多谈自己的看法，不要空谈，泛谈，言之无物。必须采用手写，字数不少于 3000 字，可加页。）

自我鉴定(个人在顶岗实习中的思想、工作、纪律等方面的表现)：

年　月　日

实习单位班组意见：

签名：　　　　　年　月　日

实习单位意见：

（盖章）　年　月　日

实习指导教师意见：

年　月　日

顶岗实习成绩评定：

学生自评分(权重20%)：

企业指导老师评分(权重40%)：

校内指导老师评分(权重40%)：

综合评分：

年　月　日